Yassine Walha

Élaboration d'un planning de maintenance

Yassine Walha

Élaboration d'un planning de maintenance

Élaboration d'un planning de maintenance préventive pour les machines TBA 8 et TBA 19 et estimation du stock zéro

Éditions universitaires européennes

Impressum / Mentions légales
Bibliografische Information der Deutschen Nationalbibliothek: Die Deutsche Nationalbibliothek verzeichnet diese Publikation in der Deutschen Nationalbibliografie; detaillierte bibliografische Daten sind im Internet über http://dnb.d-nb.de abrufbar.
Alle in diesem Buch genannten Marken und Produktnamen unterliegen warenzeichen-, marken- oder patentrechtlichem Schutz bzw. sind Warenzeichen oder eingetragene Warenzeichen der jeweiligen Inhaber. Die Wiedergabe von Marken, Produktnamen, Gebrauchsnamen, Handelsnamen, Warenbezeichnungen u.s.w. in diesem Werk berechtigt auch ohne besondere Kennzeichnung nicht zu der Annahme, dass solche Namen im Sinne der Warenzeichen- und Markenschutzgesetzgebung als frei zu betrachten wären und daher von jedermann benutzt werden dürften.

Information bibliographique publiée par la Deutsche Nationalbibliothek: La Deutsche Nationalbibliothek inscrit cette publication à la Deutsche Nationalbibliografie; des données bibliographiques détaillées sont disponibles sur internet à l'adresse http://dnb.d-nb.de.
Toutes marques et noms de produits mentionnés dans ce livre demeurent sous la protection des marques, des marques déposées et des brevets, et sont des marques ou des marques déposées de leurs détenteurs respectifs. L'utilisation des marques, noms de produits, noms communs, noms commerciaux, descriptions de produits, etc, même sans qu'ils soient mentionnés de façon particulière dans ce livre ne signifie en aucune façon que ces noms peuvent être utilisés sans restriction à l'égard de la législation pour la protection des marques et des marques déposées et pourraient donc être utilisés par quiconque.

Coverbild / Photo de couverture: www.ingimage.com

Verlag / Editeur:
Éditions universitaires européennes
ist ein Imprint der / est une marque déposée de
OmniScriptum GmbH & Co. KG
Heinrich-Böcking-Str. 6-8, 66121 Saarbrücken, Deutschland / Allemagne
Email: info@editions-ue.com

Herstellung: siehe letzte Seite /
Impression: voir la dernière page
ISBN: 978-3-8417-4815-7

Copyright / Droit d'auteur © 2015 OmniScriptum GmbH & Co. KG
Alle Rechte vorbehalten. / Tous droits réservés. Saarbrücken 2015

Remerciements

C'est avec un réel plaisir que je résume ces quelques lignes en signe de gratitude et de profonde reconnaissance à tous ceux qui ont participé à la réalisation et à l'accomplissement de ce travail et nous apportant le soutient moral, intellectuel et technique dont nous avons besoin.

Je tenais à adressé une pensée affectueuse à mes parents pour leur soutien indéfectibles durant toutes mes années d'études.

Qu'il me permet d'adresser, en premier lieu à mes encadreurs de SEABG .Qu'ils trouvent ici le témoigne de mon immense gratitude pour les conseils constructifs et judicieux prodigués pendant toute la réalisation de ce projet. Je les remercie également de m'avoir offert de leurs aides, et de leurs patiences pour menant à bien cette étude et rédiger ce rapport.

Sommaire

Introduction générale 1

Chapitre I : ETAT DE L'ART 3

   Introduction : 4

   I. Présentation de l'entreprise : 4

      I.1. Secteur d'activité: 4

      I.2. Domaine d'application : 5

      I.3. Références normative : 5

      I.4. Organigramme : 6

   II. Etude de l'existant : 7

      II.1. Description du procédé de fabrication de l'entreprise et son organisation : ... 7

   III. Critique de l'existant : 14

      III.1. Critique de la politique de maintenance : 14

      III.2. Étude des besoins : 14

   IV. La maintenance et ses notions 15

      IV.1. Définition [1] : 15

      IV.2. Rôle de la maintenance : [3] 15

   V. Les types de maintenance : [4] 16

      V.1. La maintenance préventive : 16

      V.2. La maintenance corrective : [5] 19

   VI. Cahier des charges : 21

      IV.1. Problématique : 21

      IV.2. Travail demandé : 21

   Conclusion 22

Chapitre II : Analyse de défaillance 23

   Introduction : 24

   I. Analyse des problèmes : 24

      I.1. Diagramme d'Ishikawa et Méthode QQOQCP : [7] 24

   II. Principe de l'AMDEC 30

      II.1. Définition : [8] 30

      II.2. Objectifs de l'AMDEC : 30

    II.3. Type de l'AMDEC : [9] 31

    II.4. Différentes phases de la méthode AMDEC : [9] 32

  III. Étude de cas : 33

  IV. La mise en place d'une stratégie de maintenance : 47

  Conclusion 47

Chapitre III : Elaboration du planning 48

  Introduction 49

  I. Méthodologie de préparation du planning d'entretien : 49

    I.1. Spécification des équipements : 50

  II. Elaboration du plan d'entretien périodique : 51

    II.1. Définition des plans d'entretien périodique : 51

    II.2. Etape d'élaboration des plans d'entretien périodique : 51

    II.3. Définition des rubriques : 52

    II.4. Exemple détaillé : 54

  III. Elaboration des gammes de travail : 56

    III.1. Définition générale des gammes de travail : 56

    III.2. Etape d'élaboration des gammes de travail : 56

    III.3. Définition des rubriques : 57

    III.4. Exemple détaillé : 59

  Conclusion 62

Chapitre IV : Insertion des gabarits dans le module informatique GMAO &   Création du stock minimum de PDR 63

  Introduction : 64

  I. GMAO : 64

    I.1. Les objectifs et les modules du GMAO : [10] 64

    I.2. Les avantages de la GMAO : [10] 65

  II. Cahier de charge du Logiciel : 66

    II.1 Présentation des fonctionnalités souhaitées par SEABG : 66

  III. Présentation de l'INTERAL [11] : 67

  IV. L'importance et insertion des données : 68

IV.1. Insertion des données dans l'intéral : 69
V. La relation entre maintenance et gestion de stock [12]: 73
  V.1. Définition : 73
  V.2. Rôles des stocks dans une entreprise : 74
  V.3. Enjeux de la gestion des stocks : 74
  V.4. Gestion du stock maintenance : 75
VI. Création du stock minimum de PDR [13]: 75
  V.1. La gestion des stocks de maintenance : 75
  V.2. Objectif: 76
  V.3. Activités relatives à la gestion des stocks : 76
  V.4. Les différents types de stock : 77
VII. Présentation de PGI et de la situation actuelle [14]: 77
VIII. Réalisation des tableaux de bord de gestion de stock (Préventifs) : 79
  VII.1. Prélèvement des pièces de rechange : 79
  VII.2. Conversion des jours en heures de fonctionnement : 79
  VII.3. Commande d'approvisionnement des pièces de rechanges : 80
  VII.4. Liste des révisions nécessaires pour la remplisseuses TBA8 : 80
  VII.5. Guide d'utilisation de tableau de bord : 81
  Conclusion : 82
Conclusion générale 83
Référence bibliographie & Webographie 85

LISTE DES FIGURES

FIGURE 1: ORGANIGRAMME GENERAL DE LA SEABG 6
FIGURE 2: ORGANIGRAMME DE L'USINE SEABG BOUARGOUB 6
FIGURE 3: REPRESENTATION GRAPHIQUE DE TRAITEMENT D'EAU 8
FIGURE 4: REMPLISSEUSE TBA8 9
FIGURE 5: BOUCHONNEUSE TCA 47 10
FIGURE 6: ENCARTONNEUSE TCP 70 10
FIGURE 7: REPRESENTATION GRAPHIQUE DU DIAGRAMME DE PRODUCTION JUS EN TETRA PAK 11
FIGURE 8: REPRESENTATION GRAPHIQUE DE CONDITIONNEMENT BIERE 13
FIGURE 9: LA PLACE DE SERVICE MAINTENANCE DANS L'ENTREPRISE [2] 15
FIGURE 10: LA MAINTENANCE PREVENTIVE [5] 17
FIGURE 11: LA MAINTENANCE CORRECTIVE [5] 19
FIGURE 12 : DIAGRAMME D'ISHIKAWA DU SERVICE MAINTENANCE 26
FIGURE 13 : DIAGRAMME DE REDUCTION DES PROBLEMES 29
FIGURE 14: LES 7 ZEROS 31
FIGURE 15 : DIFFERENTES PHASES DE LA METHODE 33
FIGURE 16: ANALYSE DU DEPOT AVEC SON MILIEU EXTERNE 35
FIGURE 17 : DIAGRAMME A-0 DISTRIBUTEUR 36
FIGURE 18: DIAGRAMME A0 REMPLISSEUSE TBA8 36
FIGURE 19: MECANISME DE DEFAILLANCE 37
FIGURE 20: PRINCIPE D'EVALUATION DE LA CRITICITE 39
FIGURE 21: HISTOGRAMME 1 D'HIERARCHISATION DES DEFAILLANCES 46
FIGURE 22: HISTOGRAMME 2 D'HIERARCHISATION DES DEFAILLANCES 46
FIGURE 23 : MODELE DE PLAN D'ENTRETIEN PERIODIQUE 52
FIGURE 24 : ENTETE DU PLAN D'ENTRETIEN PERIODIQUE 53
FIGURE 25 : FICHE SIGNALETIQUE DU PLAN D'ENTRETIEN PERIODIQUE 53
FIGURE 26 : LISTE DES OPERATIONS A REALISE POUR LE PLAN D'ENTRETIEN PERIODIQUE 53
FIGURE 27 : LES ORGANES, LA PERIODICITE EL LE CODE D'IDENTIFICATION POUR LE PLAN D'ENTRETIEN PERIODIQUE. 53
FIGURE 28 : EXEMPLE DE PLAN D'ENTRETIEN PERIODIQUE 54
FIGURE 29 : MODELE DE GAMME DE TRAVAIL 57
FIGURE 30 : ENTETE DE LA GAMME DE TRAVAIL 58
FIGURE 31 : FICHE SIGNALETIQUE DE LA GAMME DE TRAVAIL 58
FIGURE 32 : AFFECTATION DE LA PERIODICITE DE LA GAMME DE TRAVAIL 58
FIGURE 33 : LISTE DES TRAVAUX POUR LA GAMME DE TRAVAIL 58
FIGURE 34 : TRAVAUX HORS GAMME 59
FIGURE 35 : OBSERVATION POUR LA GAMME DE TRAVAIL 59

FIGURE 36 : PIED DE PAGE POUR LA GAMME DE TRAVAIL 59
FIGURE 37 : EXEMPLE DE GAMME DE TRAVAIL 60
FIGURE 38: MODULE GMAO 65
FIGURE 39 : LOGICIEL INTERAL 68
FIGURE 40: LISTE DES EQUIPEMENTS 69
FIGURE 41: GABARIT PREVENTIVE 70
FIGURE 42: BON DE TRAVAIL BT 72
FIGURE 43: LOGICIEL PGI 78

LISTE DES TABLEAUX

TABLEAU 1 : ANALYSE DES PROBLEMES AU NIVEAU DE MAIN D'ŒUVRE 28
TABLEAU 2 : LE CRITERE DE COTATION POUR LA GRAVITE DES EFFETS G 40
TABLEAU 3: LE CRITERE DE COTATION POUR LA FREQUENCE D'APPARITION F 40
TABLEAU 4 : CRITERE DE COTATION POUR LA NON-DETECTABILITE 41
TABLEAU 5: EXEMPLE D'ANALYSE AMDEC (APPLICATEUR DE FILM) 42
TABLEAU 6: TABLEAU DES CRITICITES 44
TABLEAU 7 : NOMENCLATURE DES MACHINES DE LA LIGNE DE PRODUCTION JUS 1L 50
TABLEAU 8: TABLEAU DES PERIODICITES DES ACTIONS DE MAINTENANCE PREVENTIVE 51
TABLEAU 9 : TABLEAU DES ACTIONS DE MAINTENANCE PREVENTIVE 52
TABLEAU 10: FICHE DE REVISION DE LA POMPE PEROXYDE 81

Introduction générale

Dans un environnement économique compétitif et incertain, la concurrence s'avère de plus en plus rude. Le client, lui aussi, devient, chaque jour, plus exigeant et plus précis dans ses demandes. Face à ce train d'évolution, l'entreprise doit se montrer flexible, et capable de suivre toutes les évolutions du marché dont elle est susceptible de subir.

Face à cet enjeu, le service maintenance est chargé de développer le pouvoir concurrentiel de l'entreprise, du moins de son côté. En effet, la maintenance n'est plus vue comme un mal nécessaire ou comme un luxe qui revient très cher, mais elle est devenue une fonction vitale pour l'entreprise et pour sa survie.

La maitrise de la fonction maintenance est devenue une source vitale pour l'entreprise. Donc l'application des nouveaux outils et méthodes n'a qu'un seul objectif c'est développer l'efficacité. Une des solutions est de mettre en place un système de gestion de maintenance conforme aux nouvelles normes internationales et envisageable d'informatiser cette gestion de maintenance dans le but de gagner en termes de temps, de stockage d'information et d'aide à la décision.

Dans cette logique, la société au sein de laquelle j'ai effectué ce travail, se trouve confrontée à des problèmes simples mais difficiles à résoudre. L'idée était donc de faire la mise en place d'une gestion de maintenance assistée par ordinateur (GMAO) dans la ligne de jus 1L et 20 CL et d'estimer un stock minimum dans le magasin pour assurer une production efficace en éliminant les arrêts prolongés dans la remplisseuses TBA8.

Ce travail est réparti en quatre chapitres : le premier chapitre sera consacré à la présentation de l'entreprise l'étude de la situation actuelle de la maintenance et le lancement de la problématique. Le deuxième chapitre est affecté à l'analyse de la défaillance dont on va utiliser l'AMDEC. Le troisième chapitre présentera le planning périodique de maintenance préventive .L'insertion des gabarits, la mise à jour de la GMAO et la réalisation d'un stock minimum pour diminuer les arrêts prolongés seront décrites dans le dernier Chapitre.

Chapitre I : ETAT DE L'ART

Introduction :

Durant ce premier chapitre, on présentera l'entreprise d'accueil, on essayera d'expliquer le fonctionnement de la ligne de production qui sera l'objet de cette étude par la suite on exposera la problématique de ce projet.

I. Présentation de l'entreprise :

La Société des Emballages Aluminium des Boissons Gazeuses (SEABG) est une entreprise qui opère dans la fabrication de jus et le conditionnement de la bière en aluminium, elle est filiale du groupe de Société Frigorifique et Brasserie de Tunis (SFBT), a été fondée en 1984, et a réussi à établir d'excellents rapports avec beaucoup de clients internationaux.

Elle est implantée dans la zone industrielle de Bouargoub à 17 KM du gouvernorat de Nabeul, à 48 KM du gouvernorat de Tunis et à 6 KM de l'autoroute Tunis-Sfax, impliquant un accès facile pour le transport routier des équipements fabriqués.

Raison Social	: SEABG
Adresse Siège	: 5 Route de l'hôpital militaire 1005 Bâb Saadoun Tunis
Adresse Site	: Zone industrielle Bouargoub 8040 Nabeul
Téléphone	: 00 216 72 259 632
Fax	: 00 216 72 259 688
Direction	: Mr. Hichem GAALOUL, Directeur Général Adjoint
Capital	: 70 000 000,000 Dinars
Chiffre d'affaires	: 128 373 676 Dinars
Effectif	. Titulaire : 150 personnes Temporaire : 93 personnes

I.1.Secteur d'activité:

L'entreprise SEABG est spécialisée dans :

Conditionnement bière en 24cl : Celtia, Beck's, Lowenbrau, Extra Dry.

Conditionnement bière en 33cl L : Celtia, Celestia Celtia sans Alcool, Flag (Export)

Conditionnement bière en 50cl : Celtia, Flag (Export).

Conditionnement Jus en Tétra 1L et 20cl :
- ➢ Produit Coca-Cola company.
- ➢ Produit SFBT.

I.2. Domaine d'application :

Le Système management de la sécurité des denrées alimentaires (SMSDA) s'applique à toute l'activité de la SEABG site Bouargoub de l'achat matière première, la production jusqu'à la livraison des produits finis aux clients : Bières conditionnés en boites Aluminium, Boissons gazeuses conditionnées en Boites, Jus en Tétra et en boite. Sa démarche est implémentée d'amont en aval et couvre par conséquent les étapes suivantes :

- ❖ Réception et stockage des matières
- ❖ Traitement des eaux
- ❖ Préparation des sirops
- ❖ Remplissage et conditionnement
- ❖ Distribution aux usines du groupe
- ❖ Vente de bière aux clients

Les clients de la SEABG sont les filiales du groupe SFBT et les grossistes spécialisés dans l'agroalimentaire.

I.3. Références normative :

L'entreprise applique un ensemble de norme tel que :

- ➢ ISO 22000 : 2005(F)
- ➢ Codex Alimentarius 2003
- ➢ ISO 9001 : 2008 par l'organisme de certification.
- ➢ KORE (référentiel COCA COLA)
- ➢ Les textes législatifs et réglementaires Tunisiens relatifs aux produits alimentaires.

I.4. Organigramme :

Les figures ci dessous présentent les organigrammes de l'entreprise

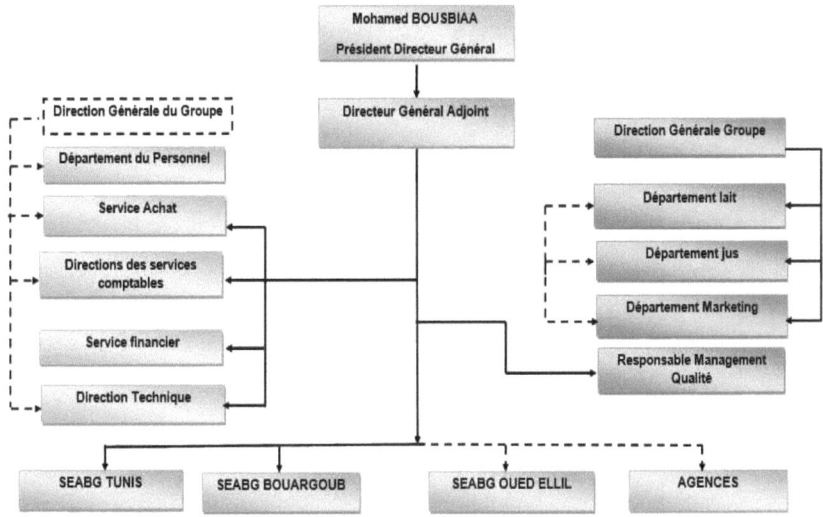

Figure 1: Organigramme général de la SEABG

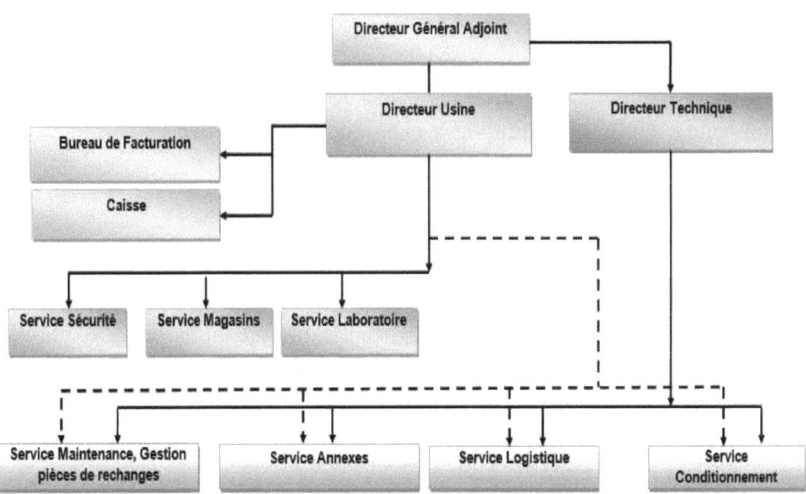

Figure 2: Organigramme de l'usine SEABG Bouargoub

II. Etude de l'existant :

II.1. Description du procédé de fabrication de l'entreprise et son organisation :

La société SEABG fait l'emballage des :

- **Jus en paquets de cartons (Tetrapak) :** elle possède 2 lignes de production 1L et 20 CL.
- **Conditionnement de bière en aluminium :** elle possède 2 lignes de production du 24 CL.

L'entreprise garantit 3 grandes fonctions :

❖ **Le traitement d'eau**
❖ **La production de Jus**
❖ **La mise en boite de bière**

II.1.1. Traitement d'eau :

Cette opération est très importante pour la production de jus et le nettoyage des circuits.

Le but de cette opération est de garantir la qualité et la quantité nécessaire à la production, elle s'applique au traitement classique et ionique de l'eau brute.

L'eau brute arrive de le SONEDE, l'operateur lui injecte de l'eau de javel à l'aide d'une pompe doseuse pour éliminer toutes les bactéries qui peuvent exister pour trouver l'eau chlorée qui passe à travers le filtre à sable pour retenir les matières en suspension puis elle passe par un filtre à charbon pour obtenir de l'eau décolorée.

Dans une deuxième étape, l'operateur met en marche l'ioniques ou l'osmose selon les besoins de production pour obtenir l'eau traitée, cette dernière est stockée dans la cuve qui doit être chlorée.

Une deuxième déchloration est nécessaire à travers le filtre à charbon pour trouver l'eau traitée décolorée et enfin elle passe par un filtre polisseur pour éliminer toute particule de charbon actif. Osmose inverse : machine qui sert à réduire la salinité de l'eau par le procédé de l'osmose inverse.

Le graphe ci-dessous illustre les différentes étapes de traitement d'eau :

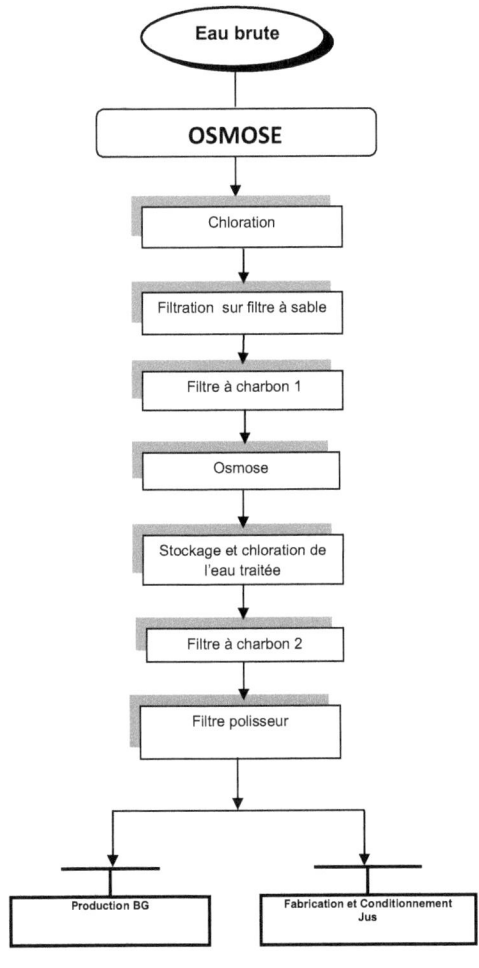

Figure 3: Représentation graphique de traitement d'eau

II.1.2. Production de jus :

La production de jus « minute maid » de 1L passe par les instructions suivantes (annexe 1) :

L'operateur met le concentré, le sucre, l'acide citrique, l'acide ascorbique et l'eau dans le mélangeur pour obtenir de la boisson finie qu'il stocke dans des TBF.

La boisson finie passe de la cuve vers le pasteurisateur pour la pasteuriser à une température de 91°c±1 puis les matériaux d'emballage entrent dans la machine PT8 pour faire le film et la position de bouchon, ensuite elle entre dans la remplisseuse Tetra Brik Aseptic TBA8 (Figure 4) pour être remplie. Durant cette étape, la TBA 8 effectue les taches suivantes :

- ➢ Stérilisation avec l'air
- ➢ Soudage de paquet
- ➢ Remplissage
- ➢ Fermeture de paquet

Et à la sortie on obtient une brique de boisson finie.

Figure 4: Remplisseuse TBA8

Dans un second temps la brique passe par un dateur pour indiquer la date de fabrication, date limite et le temps, par suite les briques fabriquées entrent dans la bouchonneuse Tétra Classic Aseptic TCA 47 (figure 5) pour souder les bouchons en plastique.

Figure 5: Bouchonneuse TCA 47

Finalement, les briques formées passent dans l'encartonneuse Tetra pak cardboard packer TCP70 (figure 6) pour faire l'emballage de 12 briques par barquette cartonnée qui doit être bien présente et enfin les produits finis sont stockés.

Figure 6: Encartonneuse TCP 70

Il existe une autre ligne de 20 CL qui fonctionne de la même manière que la ligne de 1L.et le graphe ci-dessous illustre les différentes étapes de production jus :

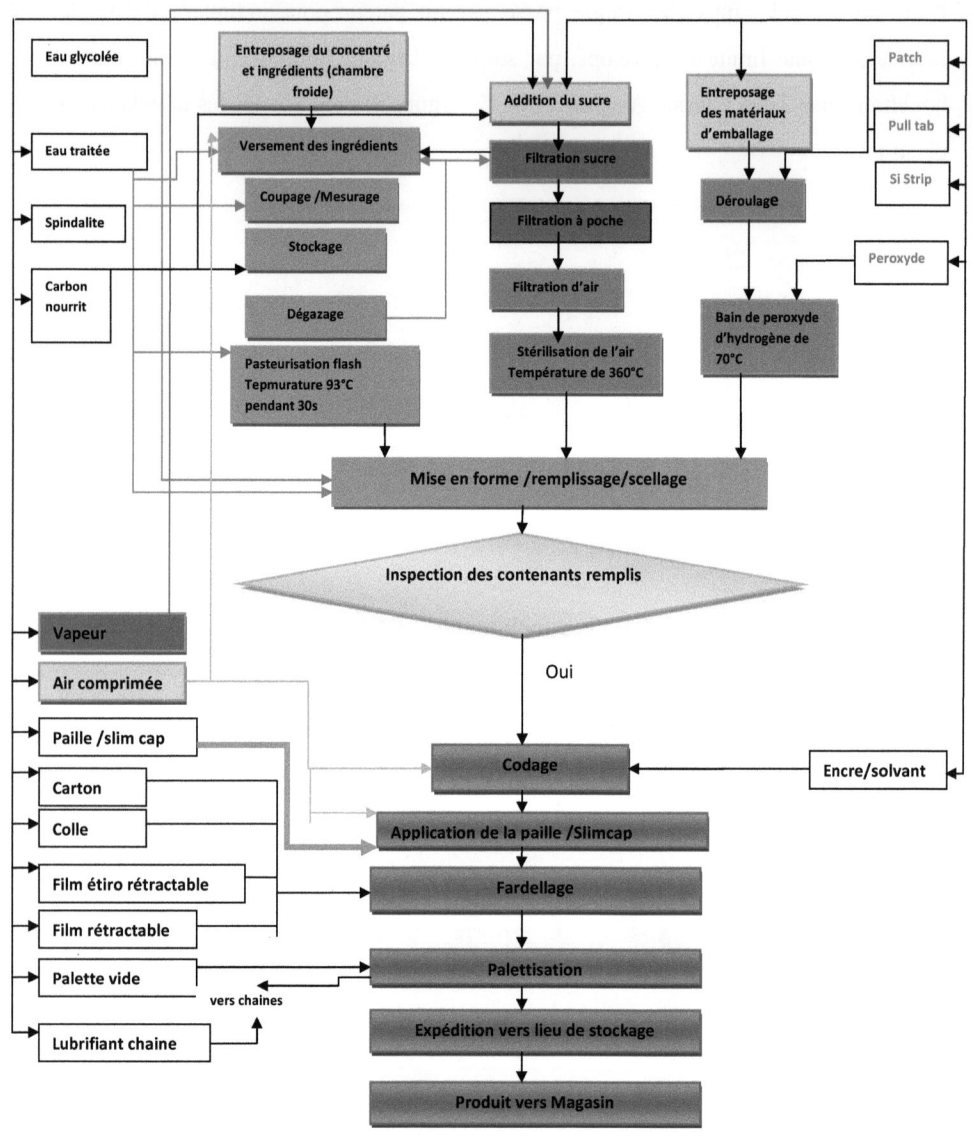

Figure 7: Représentation graphique du diagramme de production jus en Tetra pak

II.1.3. Conditionnement bière :

Il existe deux lignes de production de bière dans l'usine SEABG (SASSIBII et SIDEL).la bière est reçue en vrac, cette dernière sera refroidie avant d'être soutirée (soutirage consiste au remplissage en cannette) ensuite elle sera sortie.

Après l'étape de sertissage, les bouteilles seront pasteurisées à 63°C pour être sèches et codées par la suite, après le premier séchage un deuxième séchage est effectué.

Après séchage total des bouteilles, on les enveloppes sous film plastique thermo-rétractable et du carton ce qui permettra à la fois de protéger le produit et à la fois de faciliter le transport, la manutention et le stockage.

Le produit est ensuite mis sur les palettes, un rapport de production établi, le produit sera par la suite stocké. Le graphe ci-dessous illustre les différentes étapes de conditionnement bière :

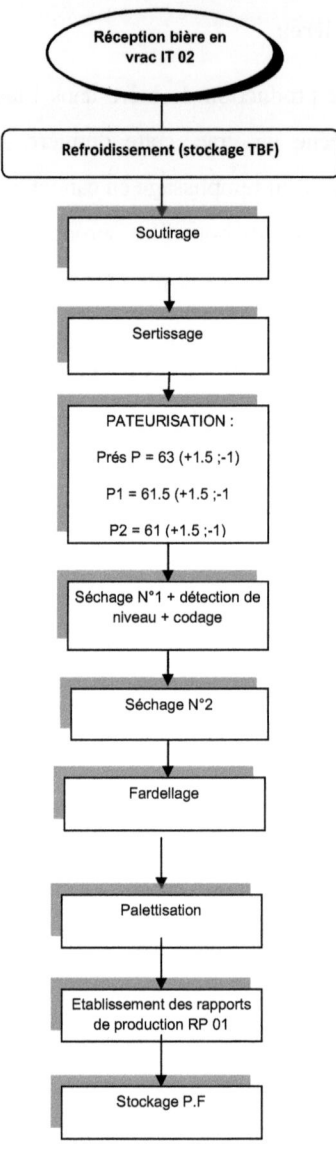

Figure 8: Représentation graphique de conditionnement bière

III. Critique de l'existant :

Suite à l'étude de l'existant qu'on a réalisé au sein du service maintenance de la société SEABG de Bouargoub, on a observé que pour gérer convenablement le service maintenance de la société, il faut mettre à niveau et améliorer les procédures de maintenance des lignes de jus.

III.1. Critique de la politique de maintenance :

A ce stade, et suite au diagnostic et à un questionnaire qu'on a réalisé, on va mettre au point les principales défaillances du service maintenance qu'on peut citer comme suit:

- ❖ Pannes répétitives.
- ❖ Perte de produit.
- ❖ Manque des pièces de rechanges dans le magasin.
- ❖ Procédure de travail très ancienne.
- ❖ Beaucoup de recours aux sous-traitants.
- ❖ Absence d'outil d'analyse et de contrôle.
- ❖ Mauvaise utilisation de gestion de la maintenance.

III.2. Étude des besoins :

Suite à la critique de politique de maintenance réalisée, on souligne les besoins de service maintenance suivants :

- ➢ L'organisation et la planification des tâches de maintenance.
- ➢ Mettre à jours l'outil informatique de gestion de maintenance.
- ➢ Formation du personnel au niveau de la maintenance des équipements.
- ➢ Adopter des nouvelles techniques de gestion de stock.
- ➢ Estimer un stock minimum pour minimiser le temps des arrêts de production.

IV. La maintenance et ses notions

IV.1. Définition [1] :

D'après L'AFNOR par la norme NF EN 13306 (avril 2001) : « la maintenance est l'ensemble de toutes les actions techniques, administratives et de management durant le cycle de vie d'un bien, destinées à le maintenir ou à le rétablir dans un état dans lequel il peut accomplir la fonction requise. Bien maintenir, c'est assurer l'ensemble de ces opérations au coût optimal. Le service maintenance (figure 9) doit avoir une place dans la structure horizontale dans l'entreprise comme la production, la qualité, la sécurité, l'environnement, le coût, etc...

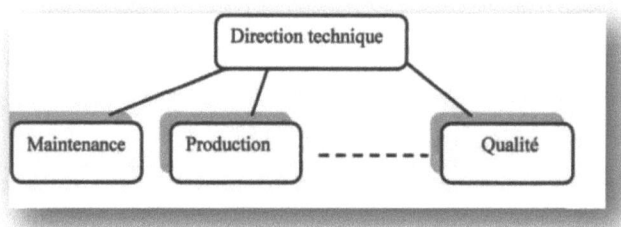

Figure 9: La place de service maintenance dans l'entreprise [2]

La maintenance devient une fonction clé dans le milieu industriel, la maitrise des installations et des équipements permet toute planification de la production en fonction de la demande dans un contexte de flux tendu et de stock zéro.

C'est une fonction de plus en plus complexe à maitriser, son analyse est en fonction :
- ➢ Du contexte de l'entreprise
- ➢ De l'analyse des dysfonctionnements et de leur criticité
- ➢ De la compétence des hommes

IV.2. Rôle de la maintenance : [3]

Le service maintenance doit mettre en œuvre la politique de maintenance définie par la direction de l'entreprise. Cette politique devant permettre d'atteindre le rendement maximal des systèmes de production.

Prévisions à long terme : elles concernent les investissements lourds ou les travaux durables. Ce sont des prévisions qui sont le plus souvent dictées par la politique globale de l'entreprise.

Prévisions à moyen terme : la maintenance doit se faire la plus discrète possible dans le planning de charge de la production. Il lui est donc nécessaire d'anticiper, autant que faire se peut, ses interventions en fonction des programmes de production. La production doit elle aussi prendre en compte les impératifs de suivi des matériels.

Prévisions à courts termes : elles peuvent être de l'ordre de la semaine, de la journée, voire de quelques heures. Même dans ce cas, avec le souci de perturber le moins possible la production, les interventions devront elles aussi avoir subi un minimum de préparation.

V. Les types de maintenance : [4]

Avant d'entrer plus en détail dans les formes de maintenance (opération, niveaux ….), il est nécessaire d'en définir les différents aspects.

On signale que la maintenance peut être divisée en maintenance préventive et maintenance corrective.

V.1. La maintenance préventive :

C'est la Maintenance effectuée selon des critères prédéterminés, dont l'objectif est de réduire la probabilité de défaillance d'un bien ou la dégradation d'un service rendu. Elle doit permettre d'éviter les défaillances de matériels en cours d'utilisation.

L'analyse des coûts doit mettre en évidence un gain par rapport aux défaillances qu'elle permet d'éviter.

Le But de la maintenance préventive est :

- o Augmenter la durée de vie des matériels
- o Diminuer la probabilité des défaillances en service
- o Diminuer les temps d'arrêt en cas de révision ou de panne

- o Prévenir et aussi prévoir les interventions coûteuses de maintenance corrective
- o Permettre de décider de la maintenance corrective dans de bonnes conditions
- o Éviter les consommations anormales d'énergie, de lubrifiant, de pièces détachées, etc.
- o Améliorer les conditions de travail du personnel de production
- o Diminuer le budget de maintenance
- o Supprimer les causes d'accidents graves

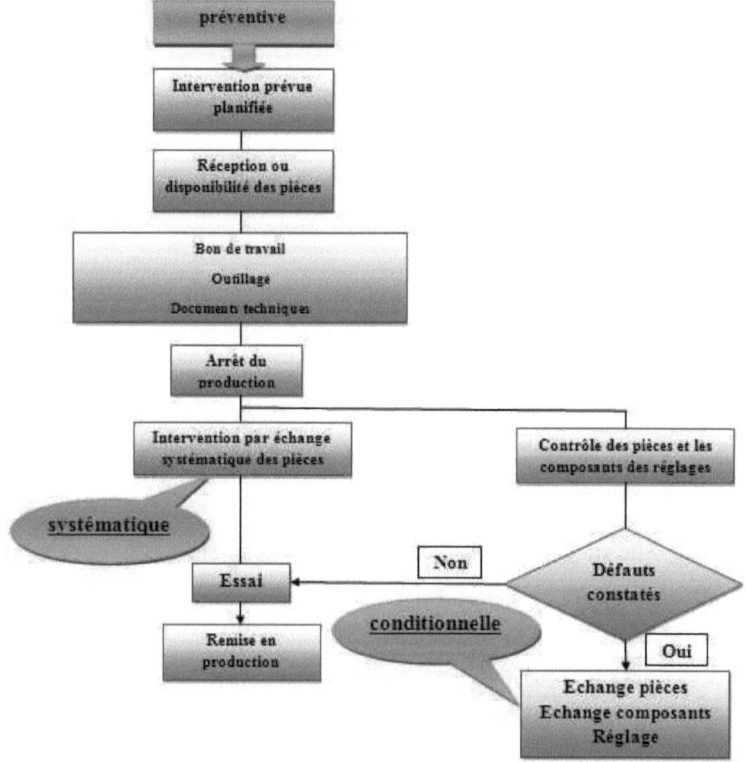

Figure 10: La Maintenance préventive [5]

La maintenance préventive se divise en deux parties :
- ➢ maintenance préventive systématique.
- ➢ maintenance préventive conditionnelle.

V.1.1. La maintenance préventive systématique [6] :

La Maintenance préventive effectuée suivant un échéancier et établi selon le temps ou le nombre d'unités d'usage (produites). Même si le temps est l'unité la plus répandue, d'autres unités peuvent être retenues telles que : la quantité produits fabriqués, la distance parcourue, la masse fabriqués, le nombre de cycles effectues, etc...

Cette périodicité d'intervention est déterminée à partir de la mise en service ou après une révision complète ou partielle.

Cette méthode nécessite de connaitre :
- o Le comportement du matériel
- o Le temps moyen de bon fonctionnement entre 2 avaries

Remarque : de plus en plus, les interventions de la maintenance systématique se font par échanges standards.

V.1.2. La maintenance préventive conditionnelle [6]

C'est la maintenance préventive subordonnée à un type d'événement prédéterminé (auto diagnostic, information d'un capteur, mesure d'une usure, etc.).Ces objectifs sont :

- ❖ Eviter les démontages inutiles liés au systématique, qui eux-mêmes peuvent engendrer des défaillances.
- ❖ Accroitre la sécurité des biens et des personnes
- ❖ Eviter les interventions d'urgences en suivant l'évolution dans le temps des débuts d'anomalies, afin d'intervenir dans les meilleures conditions.

La maintenance préventive conditionnelle convient pour des matériels coûtant chers en remplacement et pouvant être surveillé par des méthodes non destructives.

Un démontage, un remplacement coûté cher en perte de production, en temps. L'idée est que cette maintenance consiste à ne changer l'élément que lorsqu'il présente des signes de vieillissement ou d'usure mettant en danger ces performances. On s'appuie sur des mesures physiques qui sont :

- ❖ La mesure des vibrations
- ❖ La mesure des températures
- ❖ L'analyse des huiles
- ❖ La mesure d'épaisseur

V.2. La maintenance corrective : [5]

La maintenance corrective est la maintenance effectuée après la détection d'une panne et destinée à remettre une entité dans un état lui permettant d'accomplir une fonction requise. Elle regroupe la maintenance palliative et la maintenance curative. Elle s'occupe des actions de dépannage (maintenance palliative) et des réparations (maintenance curative) des incidents et des défaillances qui surviennent dans la production.

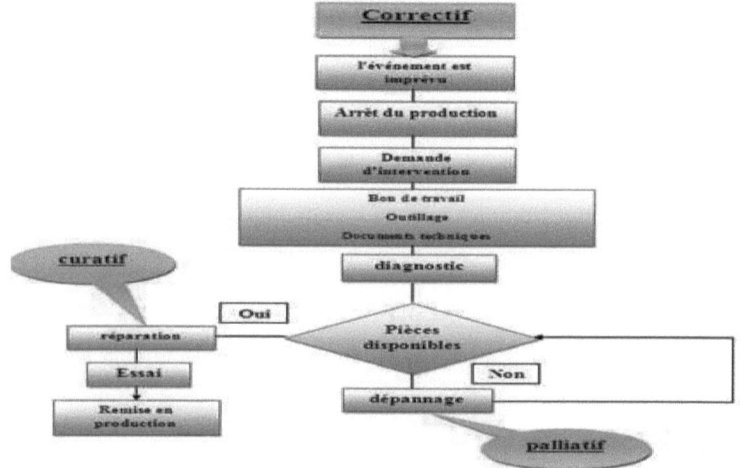

Figure 11: La Maintenance corrective [5]

- **Les formes de la maintenance corrective :**

La maintenance corrective peut être utilisée ;
- ❖ Seule en tant que méthode.
- ❖ En complément d'une maintenance préventive pour s'appliquer aux défaillances résiduelles.

V.2.1. La maintenance palliative :

C'est la maintenance qui permet de remettre en état de fonctionnement un équipement de façon provisoire, Elle est effectuée dans des conditions extrêmes et imposée par l'une des situations suivantes:

- o Un manque de pièce de rechange pour effectuer les travaux de réparation nécessaire.
- o Des contraintes de production à satisfaire ne permettant pas d'avoir suffisamment de temps pour intervenir.
- o Un manque de compétences capables d'exécuter les travaux.

C'est une maintenance dans laquelle on tente seulement d'agir sur les effets sans se préoccuper des causes qui les produise. Par conséquent elle ne permet pas d'éviter une répétition de certains types de pannes.

V.2.2. La maintenance curative :

Maintenance réalisée suite à un dysfonctionnement de l'équipement. Elle consiste à le mettre en état de fonctionnement en procédant à des réparations complètes Elle conduit à des actions de diagnostic permettant d'identifier les causes de la panne ou défaillance et de préciser les opérations de maintenance nécessaires pour la remise en état.

VI.   Cahier des charges :

IV.1. Problématique :

Pour assurer un rendement maximal et une qualité de service qui correspond à l'attente de sa large clientèle, la société SEABG, dans un souci de compétitive, se trouve dans l'obligation de réduire au maximum, le temps d'arrêt de sa production causé par les pannes et les pièces de rechange.

Actuellement l'entretien des différents équipements n'est pas ordonné, la présence du chef principal de la section est toujours obligatoire lors d'une intervention suite au manque des check-lists d'entretien préventive. Elle est donc amenée à réformer sa politique de maintenance qui souffre de quelques failles :

- Difficulté d'organisation et manque des tâches préventive.
- Durée des pannes de plus en plus longue qui peuvent engendrer des arrêts prolongées de l'entreprise.
- Manque d'archivage des informations.

IV.2. Travail demandé :

Suite à la problématique présentée précédemment, l'entreprise SEABG nous a fixé les objectifs suivants :

❖ La mise en place d'un planning de maintenance préventive qui nécessite :
- Estimation des actions de maintenance préventive.
- L'élaboration des plans d'entretien périodique
- L'élaboration des gammes de travail

❖ La mise à jour le système de GMAO cela consiste :
- Une étude approfondie de l'existant.
- La gestion de la maintenance préventive
- L'extraction de rapport d'intervention
- Le calcul des temps passé sur chaque machine en termes d'intervention préventive.

- La planification des interventions préventives.
- L'émission d'ordre de travail.
- Mise à jour du système informatique de gestion de la maintenance.
- Création des nouveaux équipements et les gammes de travail qui leur sont associées.

❖ Optimiser la gestion des pièces de rechange:
- Une étude approfondie de l'existant
- Création de gestion de stock des pièces de rechange de la maintenance pour diminuer les arrêts prolongés.
- L'extraction de la gestion des commandes des PDR.

Conclusion

Dans ce chapitre on a commencé par présenter la société, puis on a entamé une étude du système actuelle de la gestion de la maintenance pour aboutir à un cahier des charges relatif à la société SEABG. Le chapitre qui va suivre présentera l'analyse de défaillance qui donnera une méthodologie de préparation de l'AMDEC machine.

Chapitre II : Analyse de défaillance

Introduction :

Dans ce chapitre, on va présenter le processus de production de la ligne de jus ainsi qu'on va entamer une analyse au moyen de production à l'outil de qualité (diagramme Ishikawa/méthode QQOQCP).puis on va identifier les défaillances des équipements dans les principales unités de productions de jus en utilisant un outil d'analyse de défaillance qui est l'AMDEC.

I. Analyse des problèmes :

Le diagnostic des problèmes repose sur deux outils complémentaires à savoir le diagramme Ishikawa et le QQOQCP.

I.1. Diagramme d'Ishikawa et Méthode QQOQCP : [7]

I.1.1. Diagramme d'Ishikawa :

C'est un outil qui permet d'identifier les causes d'un problème. On a une vision globale des causes génératrices d'un problème avec une représentation structurée de l'ensemble des causes qui produisent un effet. Il y a une relation hiérarchique entre les causes et on est en mesure d'identifier les racines des causes d'un problème.

Le diagramme d'Ishikawa (ou diagramme en arête de poisson, diagramme cause-effet ou 5M / 7M) permet de limiter l'oubli des causes et de fournir des éléments pour l'étude des solutions. Cette méthode permet d'agir sur les causes pour corriger les défauts et donner des solutions en employant des actions correctives.

❖ *Déroulement de diagramme d'Ishikawa :*

- *Étape 1:Classer les causes recherchées en grandes familles :*

Matière: matière première, fourniture, pièces, ensemble, qualité, …
Matériel: machines, outils, équipement, maintenance, … recense les causes qui ont pour origine les supports techniques et les produits utilisés.

Main d'œuvre: directe, indirecte, motivation, formation, absentéisme, expérience, problème de compétence, ….

Milieu: environnement physique, lumière, bruit, poussière, localisation, aménagement, température, législation, ….

Méthode: instructions, manuels, procédures, modes opératoires utilisés, …

Les autre 2 M :

Management: Méthodes d'encadrement, style de commandement, délégation, organigramme imprécis…

Moyens financiers: Budget alloué, coûts…

- *Étape 2*: Finalisation :

Il faut rechercher parmi les causes potentielles les causes réelles du problème. Il faut agir dessus, les corriger en proposant des solutions.

I.1.2. Méthode QQOQCP :

La méthode de QQOQCP, est une méthode empirique qui permet de mieux cerner et analyser les problèmes de travail fondée sur un questionnement systématique. Le QQOQCP est un outil simple qui permet de décrire exhaustivement toute situation problématique. Le recours à cette méthode a pour but de mieux analyser les causes de chaque M de 5M.

I.1.2.1. Utilisation :

Composé de 6 questions, cet outil permet de caractériser une utilisation de manière factuelle et précise. Il est souvent utilisé pour énoncer un problème, décrire un dysfonctionnement, caractériser un plan d'actions.

I.1.2.2 Méthodologie :

Le QQOCQP consiste à se poser successivement 6 questions :

- o **Qui ?** Qui sont les acteurs concernés ? A qui ? Pourquoi ? Avec qui ? Contre qui ? Acteurs - responsables - nombres
- o **Quoi ?** De quoi s'agit-il ? Les objets, les domaines (maintenance, matériels, opérations ...)

- o **Où ?** Où cela se produit-il ? Les lieux, les positions spatiales, distances, proximité
- o **Quand ?** Quand cela se produit-il ? Le temps, historique, année, cycle, fréquence, moment délai ...
- o **Comment ?** Comment cela se passe-t-il ? Procédures, processus, instructions, outils, moyens, méthodes
- o **Pourquoi ?** Quelles en sont les raisons ? Conséquences, causes, effet

Une septième question peut être ajoutée, il s'agit de Combien ? (combien cela coûte ...).

I.1.2.3 Étude de cas :

La figure ci-dessous représente le diagramme d'Ishikawa du service maintenance :

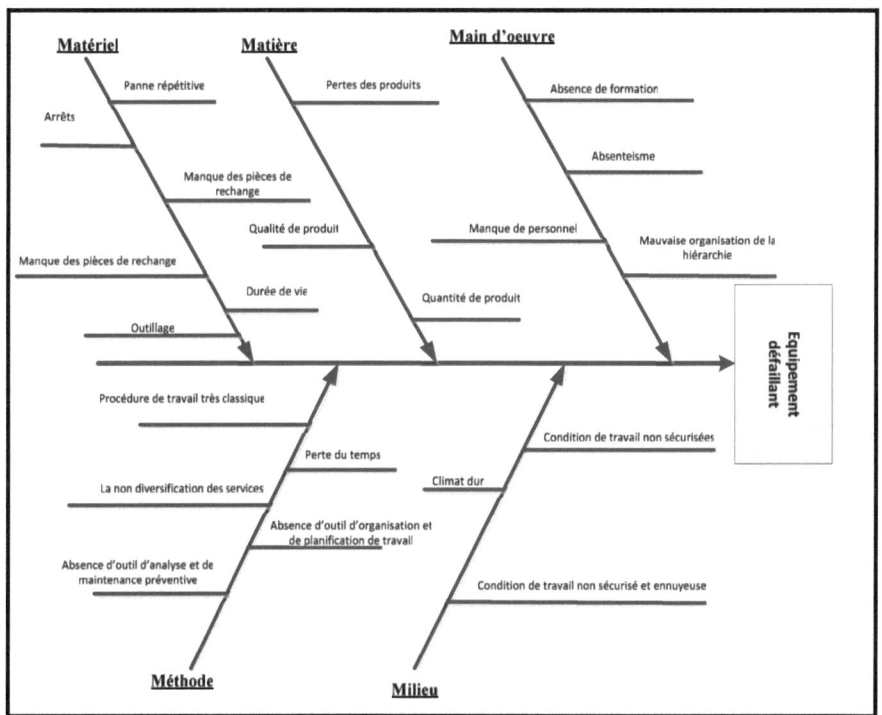

Figure 12 : Diagramme d'Ishikawa du service maintenance

En utilisant le diagramme d'Ishikawa on a pu identifier presque toutes les sources de problème au sein du service maintenance dont on a dévoilé tous les principaux facteurs reliés à la défaillance de ce dernier, puis on va analyser toutes les causes de chaque M de ce diagramme ci-dessus.

Tableau 1 : Analyse des problèmes au niveau de main d'œuvre

	QQOQCP Cause	Quoi	Qui	Où	Quand	Comment	Pourquoi
Main d'œuvre	Manque de formation	Le personnel nécessite des formations sur le mode de contrôle et de maintenance des équipements.	Le personnel de service maintenance	SEABG « ligne de jus »	Pendant le travail	Mauvaise planification et gestion des formations	-Améliorer les performances du personnel - Assurer le bon déroulement des opérations de maintenance
	Manque du personnel	Manque de personnel qualifié pour maintenir les équipements, ce qui engendre un retard au niveau de la maintenance	Le personnel de service maintenance	SEABG « ligne de jus »	Pendant le travail	Vérification de la gestion de besoin en ressources humaines	Pour remplir les besoins des services
	Structure de l'unité de maintenance (hiérarchie)	Mauvaise organisation	Le personnel de service maintenance	SEABG « ligne de jus »	Pendant le travail	Chevauchement des tâches	Organiser la hiérarchie

.Après l'identification et l'analyse des problèmes nous allons proposer des solutions de minimisation ces derniers dans les cinq principales familles au service maintenance. Le diagramme ci-dessous montre les actions d'améliorations.

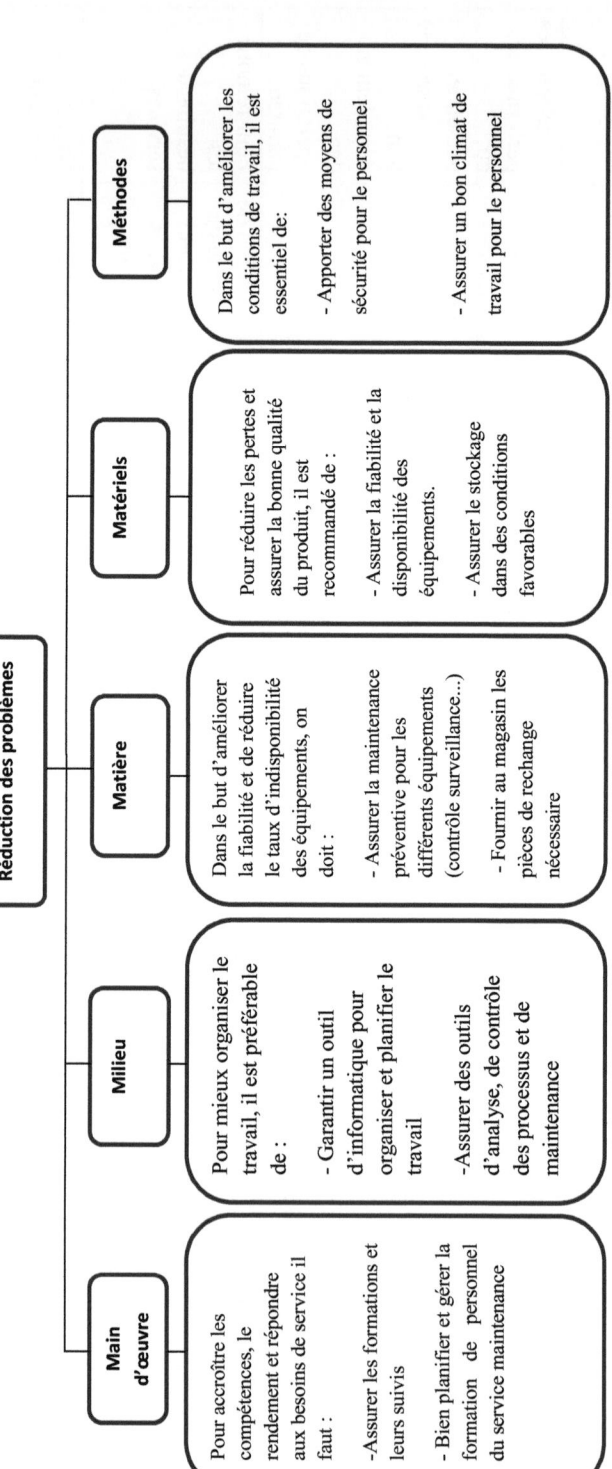

Figure 13 : Diagramme de réduction des problèmes

Pour déterminer les priorités et la pertinence d'une action, le recours à des outils simples d'analyse et d'aide à la décision tel que QQOQCP ou le diagramme d'Ishikawa peut se révéler forts utiles.

II. Principe de l'AMDEC

II.1. Définition : [8]

D'après la norme AFNOR X 60-510, La technique AMDEC (Analyse des Modes de Défaillances de leurs Effets et de leurs Criticités) est une méthode de réflexion créative qui repose essentiellement sur la décomposition systématique d'équipement en éléments simples jusqu'au niveau des composants les plus élémentaires. Il s'agit d'une méthode d'analyse préventive de la sûreté de fonctionnement (fiabilité, disponibilité, maintenabilité, sécurité).Cela consiste à faire une analyse systématique et exhaustive des défauts possibles de chacun de ces éléments, et de les hiérarchiser par le biais de leur criticité.

II.2. Objectifs de l'AMDEC :

L'AMDEC a pour premier objectif d'aider à obtenir la fiabilité optimale d'un système (produits, machine ou procédé). Pour y parvenir, il faut examiner systématiquement les défaillances potentielles, évaluer la gravité de leurs conséquences, rechercher leurs causes, assurer leur détection, déclencher des actions correctives en fonction de leur degré de "criticité".

Les besoins d'utilisation de la méthode :

- ❖ La nécessité d'un système permet l'analyse des points faibles des machines.
- ❖ Recenser les défaillances dont les conséquences affectant le fonctionnement de système.
- ❖ Savoir les pièces stratégiques à mettre en stock.
- ❖ Savoir les causes d'apparition des pannes.
- ❖ Facilite la tâche d'élaboration du plan de maintenance préventive.
- ❖ Les équipements nécessitent des propositions d'améliorations.
- ❖ Absence Analyse systématique des dysfonctionnements.

II.3. Type de l'AMDEC : [9]

Il y a plusieurs sortes d'AMDEC, en fonction du stade de la conception : l'AMDEC du concept, l'AMDEC du produit et AMDEC du procédé, (AMDEC de la machine, ...). Toutes ces AMDEC ont la même structure :

II.3.1 AMDEC PRODUIT / PROJET :

Son champ d'action est prévu, au départ, pour la conception des produits afin de les fiabiliser, les améliorer... ; par exemple, on peut appliquer l'AMDEC dans l'analyse des risques bancaires, surtout dans le domaine « contrepartie ».

II.3.2 AMDEC PROCESSUS :

L'objectif est de mettre en évidence, les problèmes de défaillance créent par les processus de production...

Elle est utilisée pour analyser et évaluer la criticité de toutes les défaillances potentielles d'un produit engendrées par son processus. Elle peut être utilisée aussi pour les postes de travail.

II.3.3 AMDEC EQUIPEMENTS / MOYENS / MACHINES :

Son extension est facilite par l'explosion de la démarche qualité – la recherche des 7 zéros (la figure 14) afin de fidéliser le client.il s'applique à des machines, des outils, des équipements et appareils de mesure, des logiciels et des systèmes de transport interne.

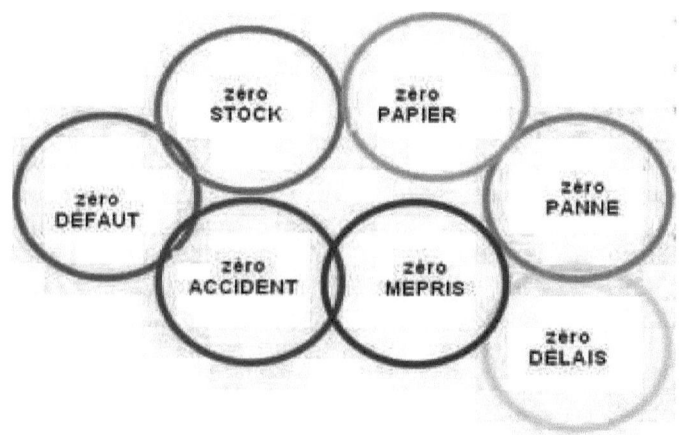

Figure 14: Les 7 zéros

II.3.4 AMDEC ORGANISATION :

Bien que la méthode soit moins performante que l'analyse des processus, elle apporte cependant un autre éclairage pour répondre aux attentes du client. Elle s'applique aux différents niveaux du processus d'affaires : du premier niveau qui englobe le système de gestion, le système d'information, le système production, le système personnel, le système marketing et le système finance jusqu'au dernier niveau comme l'organisation d'une tâche du travail.

II.3.5 AMDEC SERVICE :

S'applique pour vérifier que la valeur ajoutée réalisée dans le service corresponde aux attentes des clients et que le processus de réalisation de service n'engendre pas de défaillances.

II.3.6 AMDEC SECURITE :

S'applique pour assurer la sécurité des opérateurs dans les procédés où il existe des risques pour ceux-ci.

II.4. Différentes phases de la méthode AMDEC : [9]

Pour réaliser une AMDEC, il faut bien connaître le fonctionnement du système qui est analysé ou avoir les moyens de se procurer l'information auprès de ceux qui la détiennent. Pour cela, comme indique (la figure 15) le déroulement de la méthode AMDEC comporte 4 étapes successives, soit un total de 21 opérations. Telle que la démarche est la suivante :

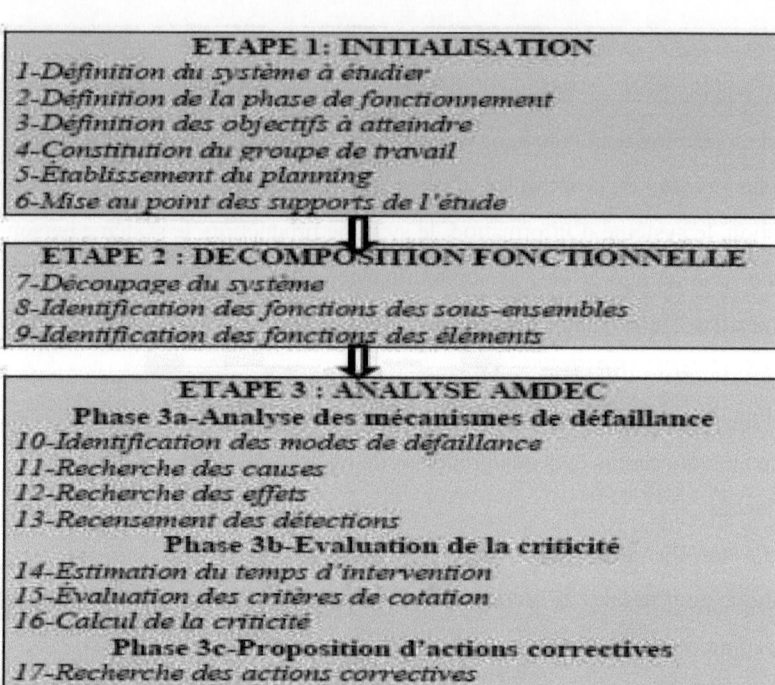

Figure 15 : Différentes phases de la méthode

III. Étude de cas :

Étape 1 : Initialisation

Notre Analyse de défaillance se focalisera sur la colonne vertébrale de la société SEABG de Bouargoub «ligne de production jus 1L » qui se décompose de : la machine PT8, la machine TBA8, la machine TCA47, la machine TCP70. Ces derniers assurent la production des palettes de jus. Et on est intéressé à la remplisseuse TBA8 car elle engendre des arrêts énormes de la ligne.

En premier lieu, on a fait une collecte des données nécessaires en se basant sur les fiches et les plans techniques des machines, sans oublier les fournisseurs de pièces de rechanges de ces derniers avec l'historique fournis.

En second lieu, on a filtré ces données ainsi acquises et on les a présentées pendant une réunion pour la vérification et la validation.

Notre choix c'est porté sur l'AMDEC machine relative à la phase de Production de jus et on va essayer d'atteindre les objectifs suivants :

- Prévision des défaillances.
- Application de la maintenance préventive et la maintenance corrective.
- Amélioration de la disponibilité des équipements.
- Diminution des défauts de qualité et des pertes du produit.
- Estimation d'un stock minimum pour diminuer les arrêts prolongé de production.

Participants :

L'équipe qui a collaboré pour ce travail est :

- Le responsable logistique : Mr. Medhuoub Ahmed
- Le responsable de service maintenance : Mr. Chemkhi Mongi
- Le chef atelier : Mr. Hammami Mohamed

Étape 2 : Analyse fonctionnelle

Avant de réaliser l'analyse fonctionnelle, il faut connaître les équipements et on décompose le système en plusieurs niveaux d'arborescence tel que le niveau au sommet est le système, le niveau de base est le composant.

❖ Analyse entre la machine TBA 8 et son milieu externe.

Après la décomposition de nos unités, on passe à la recherche des fonctions par le diagramme de pieuvre. Cette recherche s'obtient en déterminant les relations entre le système et les éléments extérieurs.

L'ensemble des fonctions sera à classifier selon deux critères :

❖ Les fonctions principales (ou de principe)
❖ Les fonctions de contraintes qui représentent les réponses ou les réactions, du système aux milieux extérieur.

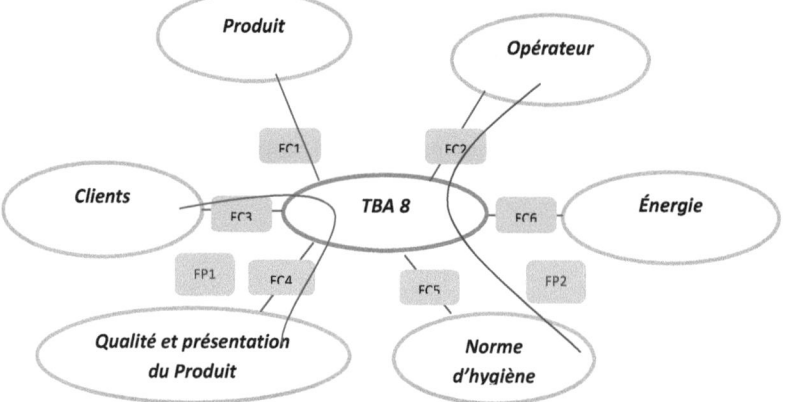

Figure 16:Analyse du dépôt avec son milieu externe

Diagramme de pieuvre en fonctionnement :

- FP1 : Garantir aux clients la qualité du produit.
- FP2 : Respecter les normes d'hygiène et la sécurité des produits
- FC1 : Assurer le remplissage du jus pasteurisé en paquet.
- FC2 : Permettre de suivre l'opération du remplissage.
- FC3 : Garantir les besoins de client.
- FC4 : Assurer la bonne présentabilité et la qualité de produit.
- FC5 : Garantir les côtés hygiène du produit.
- FC6 : S'adapter à l'énergie disponible.

❖ Analyse fonctionnel du TBA8 :

Le schéma si dessous présente la fonction principale du distributeur du carburant du niveau système A-0 :

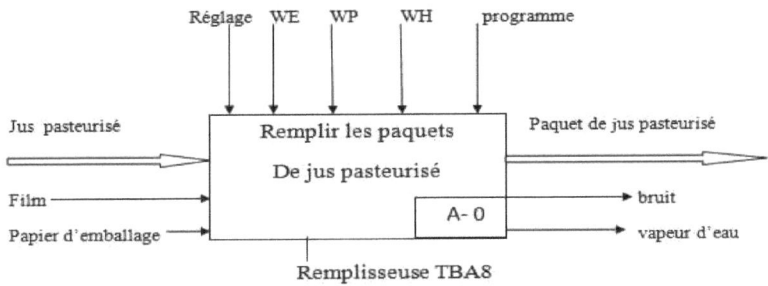

Figure 17 : Diagramme A-0 Distributeur

Le schéma ci dessous présente le fonctionnement de remplisseuse TBA8 du niveau système A0 :

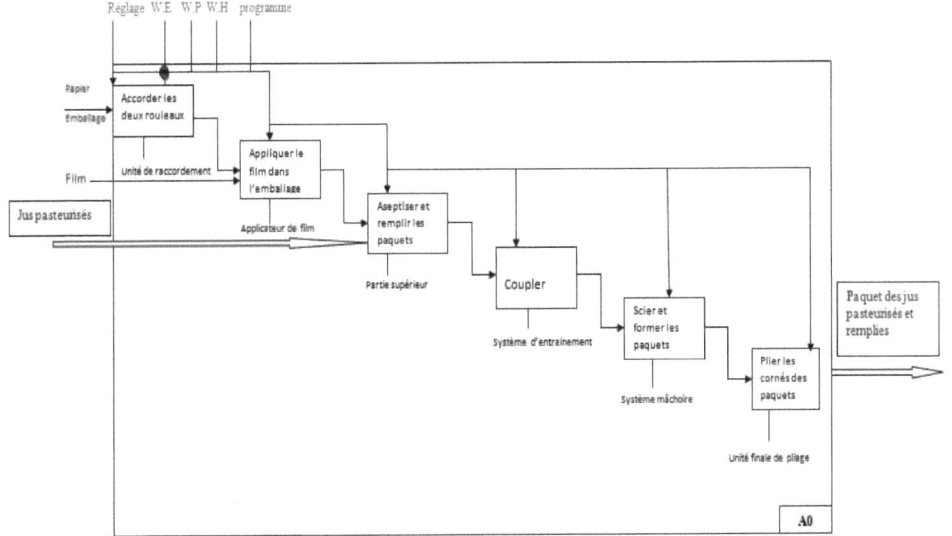

Figure 18: Diagramme A0 remplisseuse TBA8

Étape 3 : Analyse AMDEC [9] :

On avance vers la troisième étape, cette partie contient l'étude qualitative et l'étude quantitative.

❖ *L'étude qualitative des défaillances :*

Elle consiste à montrer toutes les défaillances possibles, à déterminer les modes de défaillance, à identifier les effets relatifs à chaque mode de défaillance, à analyser et à trouver les causes possibles et les causes les plus probables des défaillances.

L'analyse des mécanismes de défaillance se base sur l'état actuel ou prévu de la machine au moment de l'étude.

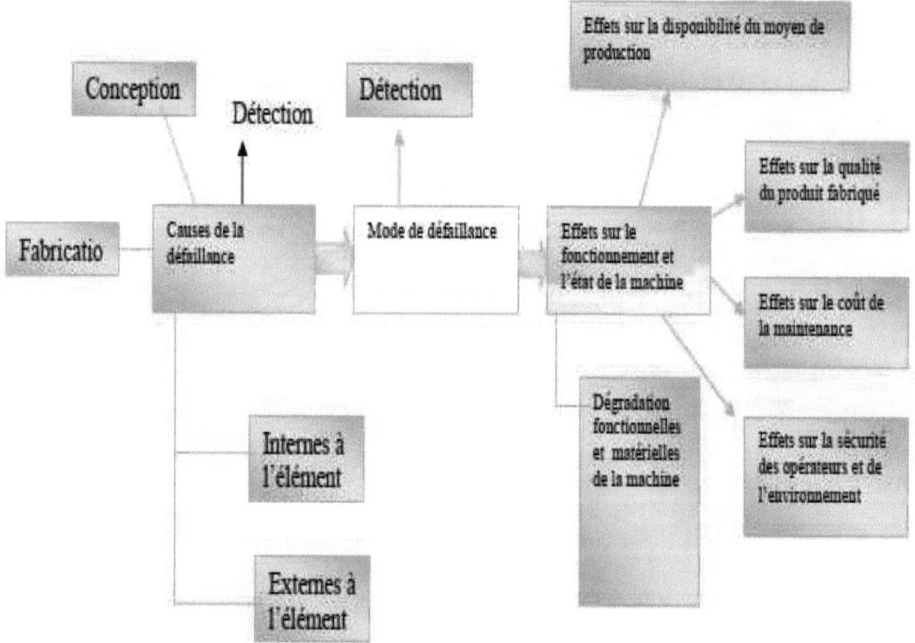

Figure 19:Mécanisme de défaillance

Démarche
- ❖ Identifier les modes de défaillance de l'élément en relation avec les fonctions à assurer, dans la phase de fonctionnement retenue.
- ❖ Rechercher les causes possibles de défaillance, pour chaque mode de défaillance identifié.
- ❖ Rechercher les effets sur le système et sur l'utilisateur, pour chaque combinaison (cause, mode) de défaillance.
- ❖ Rechercher les mécanismes de détection possibles, pour chaque combinaison (cause, mode) de défaillance.

On définit les mécanismes de détection comme étant les moyens ou les méthodes avec les quels une défaillance peut être découverte par l'opérateur pendant le fonctionnement normal ou qui peut être détectée par l'équipe de maintenance avec des systèmes appropriés de diagnostic.

❖ *L'étude quantitative*

Elle consiste à hiérarchiser les défaillances et calculer la criticité, à ce propos on va utiliser une table de cotation établie sur 5 niveaux, pour le critère de gravité, et sur 4 niveaux, pour les critères de fréquence et de non-détection.

Cette phase consiste à évaluer la criticité des défaillances de chaque élément, à partir de plusieurs critères de cotation indépendants.

Un niveau de criticité en est ensuite déduit, ce qui permet de hiérarchiser les défaillances et d'identifier les points critiques.

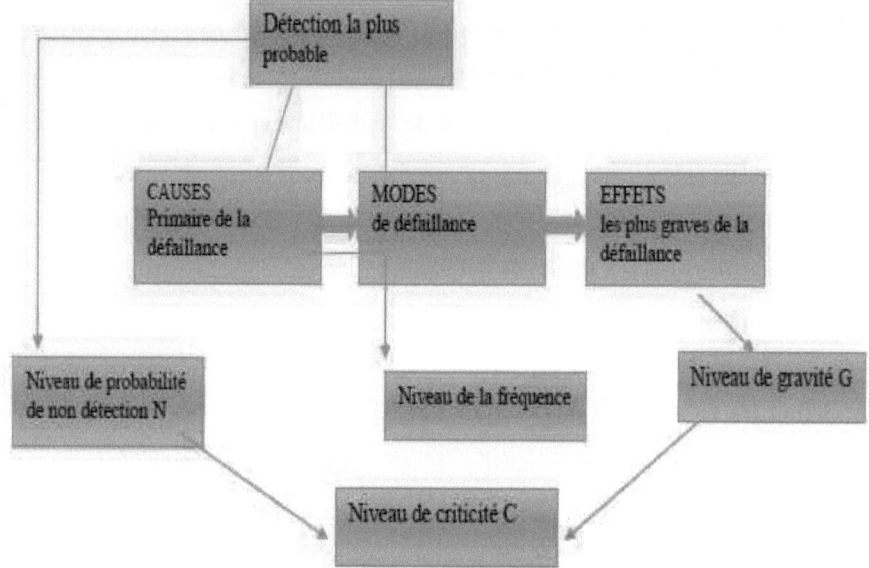

Figure 20: Principe d'évaluation de la criticité

Démarche

- ❖ Déterminer ou estimer le temps d'arrêt et les coûts des interventions correctives (coût main d'œuvre direct, coût pièce de rechange, coût sous-traitance), pour chaque combinaison (cause, mode, effet).
- ❖ Évaluer le niveau atteint par les critères de fréquence, de gravité et probabilité de non détection, pour chaque combinaison (cause, mode, effet).

Les critères de cotation sont fixés selon l'étude faite ; on cite :

- o La fréquence d'apparition de la défaillance,
- o La gravité de la défaillance sur la qualité, sur la sécurité de l'utilisateur machine, sur le coût de l'intervention.
- o La probabilité de non détection de la défaillance.

- ❖ Calculer le niveau de criticité, pour chaque combinaison (cause, mode, effet). Ce niveau est le produit des niveaux atteints par les critères de cotation indiqués dans l'opération précédente.

Tableau 2 : Le critère de cotation pour la gravité des effets G

G	Description
1	Défaillance mineure ne provoquant qu'un arrêt de production faible et aucune dégradation notable (arrêt de production inférieur à 1 heure)
2	Défaillance moyenne nécessitant une remise en état ou une petite réparation et provoquant (arrêt de production de 1 à 8 heures)
3	Défaillance critique nécessitant un changement du matériel défectueux et provoquant (arrêt de production de 8 à 48 heures)
4	Défaillance très critique nécessitant une grande intervention et provoquant (arrêt de production de 2 à 7 jours)
5	Défaillance catastrophique impliquant des problèmes de sécurité et/ou une production non-conforme et provoquent (arrêt de production supérieur à 7 jours)

Tableau 3: Le critère de cotation pour la fréquence d'apparition F

F	Défaillances
1	Défaillance inexistante sur matériel similaire (1 arrêt max. tous les 2 ans)
2	Défaillance occasionnelle déjà apparue sur matériel similaire (1 arrêt max. tous les ans)
3	Défaillance occasionnelle posant plus souvent des problèmes (1 arrêt max. tous les 6 mois)
4	Défaillance certaine sur ce type de matériel (1 arrêt max. par mois)
5	Défaillance systématique sur ce type de matériel (1 arrêt max. par semaine)

Tableau 4 : Critère de cotation pour la non-détectabilité

N	Description
1	Probabilité très faible de ne pas détecter la défaillance avant que le produit ne quitte l'opération concernée
2	Probabilité faible de ne pas détecter la défaillance - La défaillance est évidente, quelques défaillances échapperont à la détection (contrôle unitaire)
3	Probabilité modérée - Contrôle manuel difficile
4	Probabilité élevée- Le contrôle est subjectif - Echantillonnage mal adapté
5	Probabilité très élevée- La défaillance n'est pas apparente - Pas de contrôle possible

Avec la formule de la criticité C est égale à:

$$C = G \times F \times N$$

G : gravité de l'effet.

F : probabilité d'occurrence-fréquence d'apparition.

N : probabilité de non détection-le risque de non détection.

Donc dans ces tableaux on a mentionné les causes importantes qui ont une influence directe et des effets indésirables qui se reflètent sur l'équipement. Après avoir calculé la criticité de chaque équipement, on a proposé des tâches correctives et préventives pour minimiser les valeurs de criticité (Tableau 2,3 et 4). Ensuite on passe à la quatrième étape qui est la partie synthèse dont on analysera la fréquence des causes de pannes en utilisant les critères de criticité (l'analyse AMDEC annexe 2et 3).

Tableau 5: Exemple d'analyse AMDEC (Applicateur de film)

AMDEC MACHINE – ANALYSE DES MODES DE DÉFAILLANCE DE LEURS EFFETS ET DE LEUR CRITICITÉ									AMDEC MACHINE			
Date de l'analyse:			*Système: TBA 8* *Sous-système: Applicateur de film*				Phase de fonctionnement: Normale			Page: 1-2		
							Criticité				Criticité		
Élément	Fonction	Mode de défaillance	Cause de la défaillance	Effet de la défaillance	Détection	F	G	N	C	Intervention	F	G	N	C
Guide papier	Guider l'emballage	Coincement du guide papier	- Roulements du guide papier	Décher de papier	Visuel + bruit	4	1	2	8	- **MPS**: Régler l'ergot de guidage à la même hauteur que la bande du matériau d'emballage	2	1	2	6
Rouleaux de pression	Presser le film dans l'emballage	Coincement des rouleaux de pression	- Rouleaux /manchon en téflon/ressort douilles endommagé	- Mauvaise soudure - pas de passage de papier	Visuel + bruit	3	1	2	6	- **MPS**: Contrôler et changer si nécessaires les manchons en téflon sont intact - **MPA**: Régler et changer si nécessaires le ressort **MPS**: Contrôler et régler les rouleaux et les buses d'arrêts court et changer les rouleaux si nécessaires - **MPM**: Vérifier les trous d'air ne sont pas bouchés	2	1	2	4

42

Applicateur de film (AF)	Appliquer le film dans l'emballage	usure matériels	- Température de soudure erronée -résistance endommagé	Mauvaise soudure de film	Visuel	3	1	2	6	- **MPM:** Contrôler et régler la pression de soudure du manomètre AF et AC - **MPA:** Changer l'élément chauffant - **MPM:** Contrôler les buses d'air et changer si nécessaire - **MPM:** Vérifier et régler la température d'air	2	1	2	4
Guide film	Guider le filme	coincement du guide de film	roue de guidage endommagé	mauvaise passage de film	Visuel + bruit	3	1	2	6	- **MPA:** Contrôler et changer si nécessaires les roues de guidage et les douilles	2	1	2	4
Magasin film	Emmagasiner le film	usure matériels	- dysfonctionnement du bras de frein - Roulements endommagé	- arrêts non abouties	Visuel + bruit	3	1	2	6	- **MPS:** Contrôler et régler les 2 bras de frein - **MPS:** Vérifier les joint torique et les rouleaux - **MPH:** Contrôler le bobine de film - **MP2A:** Changer les roulements si nécessaire	2	1	2	4

Étape 4 : Synthèse : Repérage des points critiques

Cette étape consiste à réparer les criticités des modes de défaillances dans la remplisseuse TBA8.

Tableau 6: tableau des criticités

Mode	Mode de défaillance	Criticité 1	Criticité 2
M1	Coincement des galets et de rouleaux de pression	8	4
M2	Coincement du guide papier	12	6
M3	Usure de matériels et désalignement des galets et de rouleaux de pression	6	4
M4	Mauvais Recouvrement	24	12
M5	Usure de matériels	12	6
M6	Coincement des rouleaux de calandrage et du guide papier	10	6
M7	Usure de matériels et présence de jeu des rouleaux de calandrage	20	10
M8	Coincement des rouleaux de renvoi menés du sorties séchoir	6	2
M9	Coincement des rouleaux du système soudure	8	8
M10	paquet non soudé	10	6
M11	Tube non soudé	10	6
M12	Usure du matériel du tube de remplissage	12	6
M13	Usure de matériels	8	6
M14	Usure de matériels	12	8
M15	Usure de matériels	30	20
M16	Usure de matériels	30	20
M17	Usure de matériels	30	20
M18	Usure de matériels	18	12
M19	Usure de matériels	8	4

M20	Coincement du guide papier	8	6
M21	Coincement des rouleaux de pression	6	4
M22	Usure matériels	6	4
M23	Coincement du guide de film	6	4
M24	Usure matériels	6	4
M25	Usure des pièces de machine	20	8
M26	Usure de frein	18	6
M27	Usure de courroie de transmission	12	6
M28	Usure matériels	40	20
M29	Coincement du bras	40	20
M30	Coincement des galets de support de bras oscillant	40	20
M31	Coincement et/ ou frottement des galets de balancier	40	20
M32	Usure matériels	36	24
M33	Coincement des galets de came	30	15
M34	Usure de matériels	12	8
M35	Coincement du cadre de système mâchoire	12	8
M36	Usure matériels	6	4
M37	Usure matériels	6	4
M38	Usure matériels	4	2
M39	Coincement de pièce courbe de volume	6	4
M40	Usure matériels	6	4
M41	Usure de matériels du système d'alimentation de pliage finale (entrée)	4	2
M42	Usure des pièces (Bâti) de machine	32	24
M43	Coincement des paquets de jus au niveau de système d'entrée et de sortie	16	8
M44	Usure de matériels et coincement de dispositif de pression	16	8
M45	usure de matériels	16	8

M46	usure matériels	40	20
M47	Coincement du système tasseur	16	8
M48	Coincement du système de sortie	16	8
M49	Usure matériels	3	2
M50	Coincement du papier	18	12

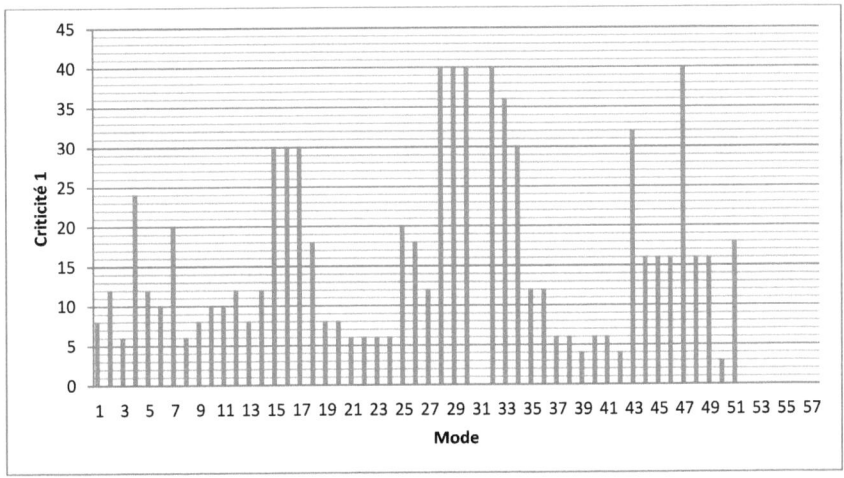

Figure 21: Histogramme 1 d'hiérarchisation des défaillances

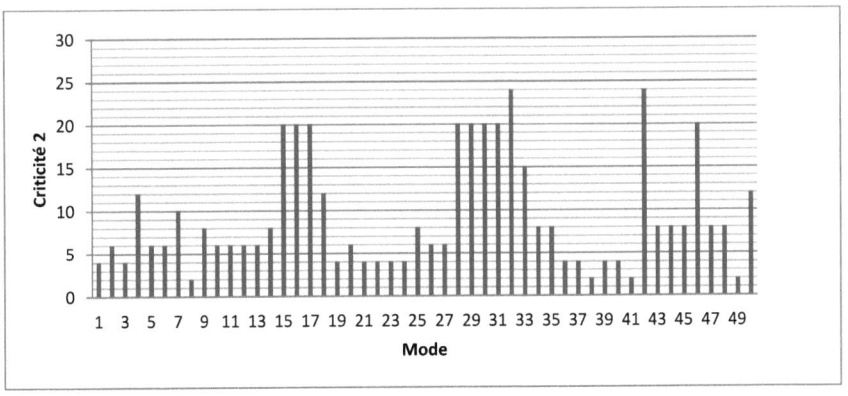

Figure 22: Histogramme 2 d'hiérarchisation des défaillances

D'après les histogrammes on à déterminer les modes de défaillance les plus critique et on à essayé de diminuer avec des interventions préventives et correctives.

IV. La mise en place d'une stratégie de maintenance :

Après l'analyse de la défaillance de la machine TBA 8 on va proposer des améliorations qui sont les suivantes :

- o Insertion dans la gestion de maintenance par la mise en place d'une interface GMAO afin de gérer la maintenance préventive et élaborer son planning.
- o La mise en place d'un équipement de protection cathodique.
- o Installation d'un département d'inspection et de maintenance qui va :
  - ❖ Garantir et améliorer la fiabilité des installations.
  - ❖ Développer des méthodes d'entretien préventif.
  - ❖ Préparer, superviser l'équipe des techniciens et des ouvriers.
  - ❖ Réaliser les opérations d'entretien et gérer les budgets de maintenance.
  - ❖ Réaliser un stock minimum.
  - ❖ Utilisation des nouvelles méthodes de diagnostic.

Conclusion

Dans ce chapitre on a commencé par une analyse au moyen de production à l'outil de qualité, puis on à identifier les défaillances des équipements dans la remplisseuse TBA 8 en utilisant un outil d'analyse de défaillance (AMDEC machine). Le chapitre qui va suivre présentera la méthodologie de préparation du planning suivi par un exemple.

Chapitre III : Elaboration du planning

Introduction

Dans ce chapitre, on va entamer la mise à jour de la maintenance préventive, à savoir le plan d'entretien périodique, les gammes de travail pour aboutir à un planning détaillé. Cette mise à jour aidera à alimenter plus tard notre logiciel de GMAO.

I. Méthodologie de préparation du planning d'entretien :

Pour l'élaboration d'un planning d'entretien périodique on est passé par les étapes suivantes :

➢ **Etape 1** : **Spécification des équipements**

Au cours de cette étape, on a créé une base de données qui recense les équipements ainsi que leur spécification.

➢ **Etape 2 : Préparation des plans d'entretien périodique**

Selon les recommandations fournies par les fabricants de chaque machine, on a essayé de récolter l'ensemble des opérations de maintenance préventive à réaliser pour aboutir à un plan d'entretien spécifique à chaque équipement.

➢ **Etape 3 : Préparation de la gamme de travail**

On a rassemblé l'ensemble des tâches de maintenance préventive de même périodicité pour les intégrer dans un document appelé gamme de travail spécifique à chaque type de machine.

➢ **Etape 4 : Elaboration du planning d'entretien systématique**

A partir des gammes de travail élaborées, on va concevoir un planning qui regroupera l'ensemble des interventions de maintenance préventive pour une année spécifique à chaque ligne.

I.1. Spécification des équipements :

Dans cette partie, on va constituer une base de données pour répertorier tous les équipements et ainsi avoir une vision générale, claire et précise sur la description des notre lignes de production.

La société SEABG comporte au sein de ses deux ateliers, à savoir l'atelier de production bière et l'atelier de production jus et on va consacrer sur l'atelier de jus, 8 machines répartis en 2 lignes de production jus 20CL et 1L, avec un pasteurisateur qui va pasteuriser le jus avant l'emballage.

Pour la codification des équipements, on a opté pour le modèle de codification de notre entreprise est la désignation de machine par exemple :

❖ **Remplisseuse TBA 8 :**
   ✓ Codification : TBA8.

Le tableau suivant est un exemple de nomenclature qu'on a élaboré pour les deux lignes de jus spécifique à la production de jus 1L et 20 CL.

Tableau 7 : Nomenclature des machines de la ligne de production jus 1L

LIGNE	MACHINE	MARQUE	TYPE	SERIAL N°	Année	Codification
LIGNE JUS 1L	Remplisseuse TBA 8	Tetra pak	1000 V	A/75684	1997	TBA 8
	Pull tab PT8	Tetra pak	1000 V	A/75685	1997	PT8
	Bouchonneuse TCA 47	Tetra pak	1000 V	A/75686	1997	TCA 47
	Encartonneuse TCP 70	Tetra pak	1000 V	A/75687	1997	TCP 70
LIGNE JUS 20CL	Remplisseuse TBA 19	Tetra pak	200 S	B/75688	1997	TBA 19
	Tubex	Tetra pak	200 S	B/75689	1997	Tubex
	Filmeur TFW 67	Tetra pak	200 S	B/75690	1997	TFW 67
	Encartonneuse TCP 70	Tetra pak	200 S	B/75691	1997	TCP 70

II. Elaboration du plan d'entretien périodique :

II.1. Définition des plans d'entretien périodique :

Le plan d'entretien périodique ou PEP est la liste de toutes les actions nécessaires à apporter sur une seule machine visant à la maintenir en bon état de marche. Ces actions peuvent être de nettoyage, contrôle, vérification, graissage...

Le PEP permet d'avoir une vision générale de toutes les interventions à effectuer sur une même machine. Ces actions peuvent être attribuées aussi bien au personnel de maintenance qualifié mais aussi dans certain cas au personnel de production.

L'élaboration du plan d'entretien se fait grâce aux documents constructeurs et fournisseur. Il peut aussi être rempli à partir des connaissances et de l'expérience du personnel agissant sur machine.

II.2. Etape d'élaboration des plans d'entretien périodique :

Pour l'élaboration des plans d'entretien périodique, on a consulté les manuels fournis par le constructeur pour chaque machine. Ensuite on a noté toutes les actions de maintenance préventive qui doivent être effectuées suivant des périodicités prédéterminées. Généralement le constructeur de la machine attribue ces actions de maintenance en nombre d'heures et en nombre de jours. Pour des raisons de planification des opérations, on a choisi de convertir ce nombre d'unités d'usage en nombre de jours ouvrables ce qui nous a permis de fixer un standard de périodicité présenté dans le tableau suivant :

Tableau 8: tableau des périodicités des actions de maintenance préventive

Périodicité	Code	Périodicité	Code
Hebdomadaire	H	Semestrielle	S
Mensuelle	M	Annuelle	A
2 Ans		2A	

On a remarqué que l'ensemble de ces opérations de maintenance préventive avait tendance à se répéter pour la plupart des machines, ce qui nous a poussés à fixer un standard d'action préventive spécifique aux machines. Ces actions sont consignées dans le tableau qui suit :

Tableau 9 : Tableau des actions de maintenance préventive

1	Contrôler	6	Lubrifier
2	Nettoyer	7	Vérifier
3	Changer	8	Resserrer
4	Régler	9	Réviser
5	Graisser	10	Purger

II.3. Définition des rubriques :

Pour la société SEABG, la forme du plan d'entretien périodique est la suivante :

SEABG	PLAN D'ENTRETIEN PERIODIQUE						Fiche N°	
Atelier :		Ligne :					Système:	
Fournisseur :		Constructeur :					Sous système:	
Date de mise en sce :		Dossier :						
C : contrôler	G : graisser	Ré : régler						
N : nettoyer	L : lubrifier	rév: réviser	PERIODICITE					
ch : changer	V : vérifier	P : purge						
Ensemble	Liste des taches		H	125 M	500 S	2000 A	2A	Observation

Figure 23 : Modèle de plan d'entretien périodique

Le plan d'entretien périodique se compose :

a) D'un entête où on peut lire le nom de la société et le bureau qui a mis en place ce PEP ainsi que le numéro de la fiche pour pouvoir archiver cette dernière.

SEABG	PLAN D'ENTRETIEN PERIODIQUE	FICHE N° :

Figure 24 : Entête du plan d'entretien périodique

b) D'une fiche signalétique regroupant toutes les données concernant cette machine :

Atelier :	Ligne :	Système:
Fournisseur :	Constructeur :	Sous système:
Date de mise en sce :	Dossier :	

Figure 25 : Fiche signalétique du plan d'entretien périodique

c) De La liste des opérations à réaliser sur cette machine :

C : contrôler	G : graisser	R : resserrer
N : nettoyer	L : lubrifier	Rév : réviser
Ré : régler	V : vérifier	P : purge

Figure 26 : Liste des opérations a réalisé pour le plan d'entretien périodique

d) Des organes visés par ce PEP, de la périodicité affectée à chaque organe et les observations relatives à cette action.

Ensemble	Liste des taches	PERIODICITE							Observation
		H	125	M	500	S	2000	A	2A	

Figure 27 : Les organes, la périodicité el le code d'identification pour le plan d'entretien périodique.

II.4. Exemple détaillé :

Pour pouvoir comprendre un plan d'entretien périodique on va prendre l'exemple de la machine TBA8 et sous système applicateur film (Voir manuelle d'entretient).

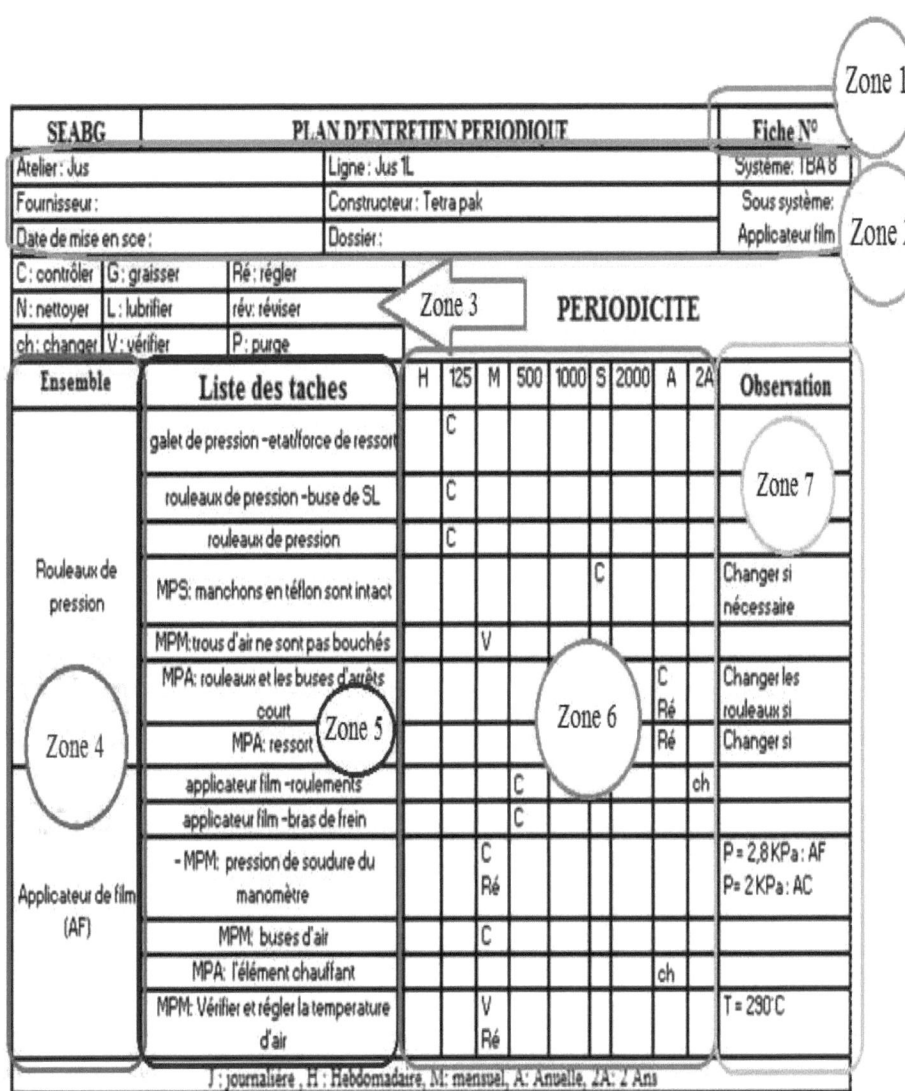

Figure 28 : Exemple de plan d'entretien périodique

La zone 1 représente le numéro de la fiche d'entretien périodique c'est grâce à cette identification qu'on pourra maintenir un classeur comportant tous les plans d'entretien. L'attribution du numéro de fiche est aléatoire.

La zone 2 comporte la fiche signalétique de la machine et le deviser en sous système. On peut y trouver tous les renseignements nécessaires, dans cet exemple, le plan d'entretien concerne la remplisseuse TBA8 qui réside dans l'atelier de jus lié à la ligne de production 1L. Le constructeur de cette machine est le même à savoir Tetra pak. La date de mise en scène n'a pas été mise en évidence et malheureusement le dossier de TBA 8 n'a pas été répertorié.

La zone 3 regroupe une liste standardisée de toutes les opérations pouvant être effectué pour cette machine. Chaque opération sera désigné par sa premier lettre (Contrôler = C). Dans notre cas on va se référer aux opérations de contrôle, vérification, réglage, et de changement.

La Zone 4 regroupe la liste de tous les ensemble de tous les systèmes (machine) ou/ et les sous systèmes de la machine, ces informations sont collecté par les documents constructeur et des techniciens et les ouvrier de la société.

Les zones 5 et 6 vont nous renseigner sur la liste de tous les organes concernés par la maintenance préventive, la périodicité des interventions et leur type. Par exemple, le rouleau de pression va être contrôlé toutes les 125 heures. Ces informations sont collectées à la fois par les recommandations du constructeur de la machine et par le savoir-faire des techniciens de maintenance.

Et finalement, **la zone 7**, qui est l'observation, va nous permettre de mieux expliquer l'opération à réaliser.

III. Elaboration des gammes de travail :

III.1. Définition générale des gammes de travail :

Les gammes de travail décrivent la méthodologie adoptée pour réaliser les opérations préventives relatives à une seule périodicité d'une machine ou d'une unité de production. Plusieurs machines de différentes lignes peuvent avoir la même gamme de travail.

Il est à noter que les gammes de travail se basent principalement sur les plans d'entretien périodique pour ainsi regrouper les tâches de même périodicité.

III.2. Etape d'élaboration des gammes de travail :

Pour l'élaboration des gammes de travail, on a regroupé les machines qui ont les mêmes opérations de maintenance préventive suivant une seule périodicité. On a inscrit ces actions dans la gamme de travail, affecter la machine visée par cette maintenance préventive, les lignes et les ateliers correspondants. Le temps alloué pour l'exécution d'une gamme de travail va être calculé à partir du suivi de l'exécution de ces opérations.

III.3. Définition des rubriques :

Pour la société SEABG, la forme de la gamme de travail est la suivante :

SEABG SERVICE MAINTENANCE	GAMME DE TRAVAIL		FICHE N°	
Equipement	Unité		Ligne	
	PERIODICITE			
DÉSIGNATION DES TRAVAUX		Réalisation		
		Réaliser	Non Réaliser	
•				
Travaux hors gamme				
Observation				
Temps alloué		Date	Visa ING. Maintenance	

Figure 29 : Modèle de gamme de travail

La gamme de travail se compose :

a) D'un entête ou on peut visualiser le nom de la société ainsi que le service concerné. Aussi on peut inscrire le numéro de la fiche pour pouvoir l'archiver.

SEABG SERVICE MAINTENANCE	GAMME DE TRAVAIL	FICHE N°

Figure 30 : Entête de la gamme de travail

b) D'une fiche signalétique ou on désigne l'atelier de production, la ligne de production et la machine concerner par les opérations de maintenance.

Equipement	Unité	Ligne

Figure 31 : Fiche signalétique de la gamme de travail

c) De la Périodicité qui varie d'une gamme à une autre.

PERIODICITE

Figure 32 : Affectation de la périodicité de la gamme de travail

d) De la liste des travaux de maintenance préventive détaillée ainsi qu'une colonne réservée au personnel chargé d'appliquer cette gamme de travail. Elle consiste a coché les travaux réaliser ou non réalisé.

DÉSIGNATION DES TRAVAUX	Réalisation	
	Réaliser	Non Réaliser

Figure 33 : Liste des travaux pour la gamme de travail

e) Des travaux hors gamme qui seront affecté seulement pour la gamme émise lors de sa réalisation et n'affectera pas les autres gammes.

Travaux hors gamme

Figure 34 : travaux hors gamme

f) Des Observations servant à décrire le déroulement de l'intervention ainsi que toute anomalie détectée par l'intervenant pour informer le service maintenance en temps réelle.

Observation

Figure 35 : Observation pour la gamme de travail

g) Le temps alloué pour les interventions doit figurer dans la gamme de travail pour avoir une vision sur le bon déroulement de l'opération et pour pouvoir estimer le temps nécessaire pour chaque intervention. La gamme de travail doit contenir la date de l'intervention ainsi que l'approbation de l'ingénieur responsable du service de maintenance.

Temps alloué	Date	Visa ING. Maintenance

Figure 36 : pied de page pour la gamme de travail

III.4. Exemple détaillé :

La gamme de travail est un document très important dans l'organisation des interventions de maintenance puisque il est fourni aux différents intervenants (technicien, ouvrier …).

On va donc proposer un exemple de gamme de travail spécifique à la machine TBA8 dans l'applicateur de film appartenant à la ligne de production de jus 1L. Cette gamme de travail devra être effectuée toutes les 125 heures (Voir manuelle d'entretien).

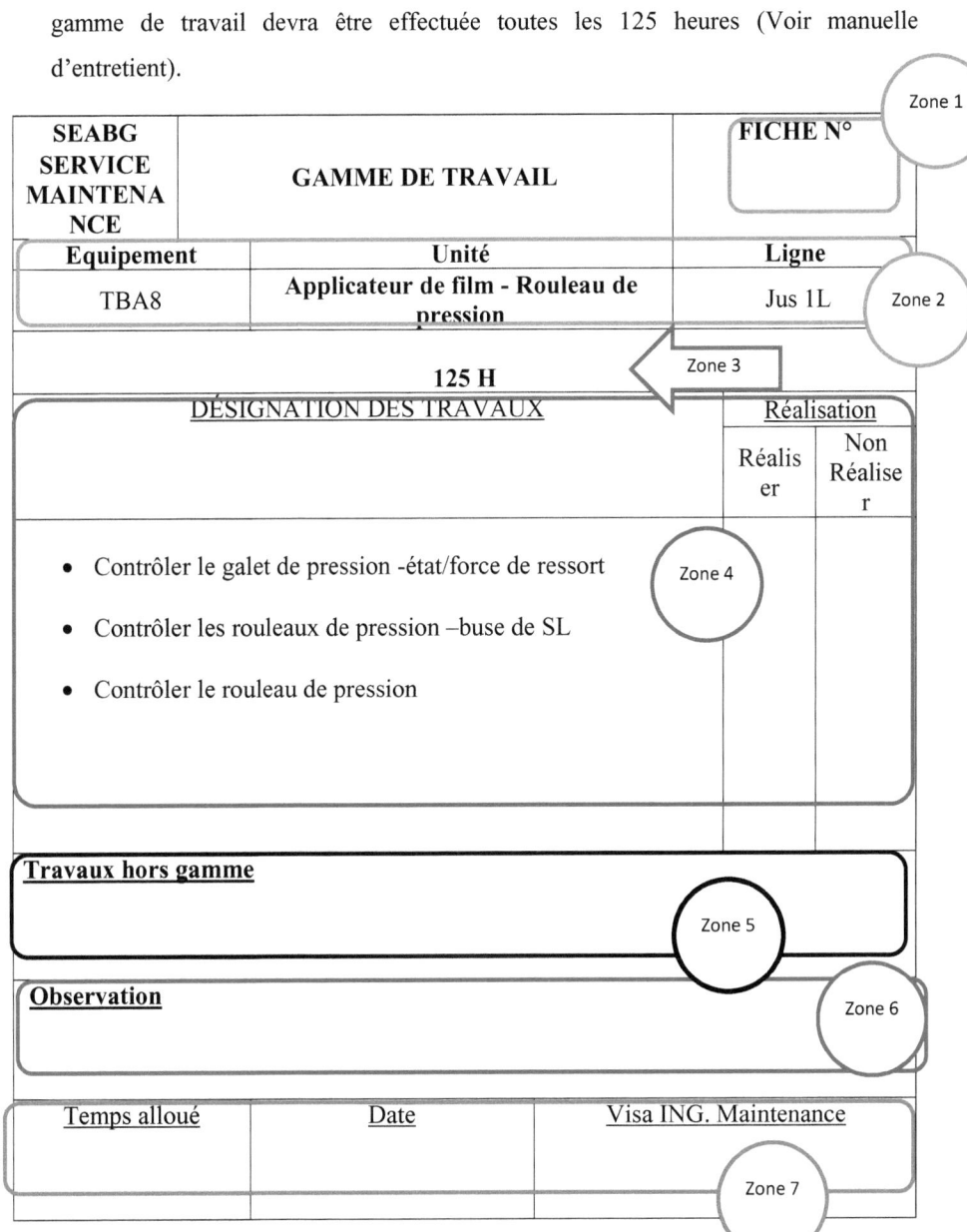

Figure 37 : Exemple de gamme de travail

La zone 1 représente le numéro de la gamme de maintenance préventive. Il est composé du code machine suivi du numéro attribué à la périodicité.

La zone 2 comporte la fiche signalétique de l'applicateur de film. On peut y trouver tous les renseignements nécessaires, à savoir l'équipement, l'unité et la ligne ou se situe cette machine. Une gamme de travail peut être affectée à plusieurs machines de différentes lignes.

La zone 3 est propre à la périodicité. Ici les interventions de maintenance préventive associée à cette gamme devront être effectuées chaque mois ou chaque nombre des heures à partir de la date d'émission et à partir du compteur d'horaire de chaque machine de cette gamme.

La zone 4 regroupe toutes les interventions préventives déjà affecter au plan d'entretien de la machine mais pour une seule périodicité.

La zone 5 va désigner les travaux hors gamme qui seront affectés seulement pour la gamme émise lors de sa réalisation et n'affectera pas les autres gammes.

La zone 6 va contenir quelques observations sur le bon déroulement des interventions de maintenance.

Et finalement, **la zone 7** contient le temps alloué à ces tâches, la date d'émission du document et la signature de l'ingénieur de maintenance pour prouver l'authenticité du document.

Le temps alloué pour cette gamme ne peut être attribué qu'après un suivi minutieux des temps passés pour l'exécution des opérations.

Conclusion

L'élaboration du planning de maintenance préventive est bien difficile à mettre en place manuellement et une mauvaise gestion des papiers et de la documentation peut entrainer l'échec de cette stratégie de maintenance. Par conséquent, dans le chapitre qui suit-on va mettre à jour ces informations dans notre outil informatique qui sera capable de pallier ces problèmes logistiques et finalement on procédera à l'estimation et à la création de stock minimum de pièces de rechange.

Chapitre IV : Insertion des gabarits dans le module informatique GMAO
&
Création du stock minimum de PDR

Introduction :

Au début de ce chapitre, on va proposer un cahier des charges qui définit les principales fonctions que doit apporter pour notre travail, ensuite on va expliquer sur quel critère est basé notre choix des logiciel de conception et enfin on va entamer la partie de réalisation de stock minimum pour notre travail.

I. GMAO :

La GMAO (Gestion de Maintenance Assistée par Ordinateur) est un outil informatique de la fonction maintenance dans une entreprise, est une méthode de gestion effectuée à l'aide d'un progiciel, est un outil de suivi, de planification et d'optimisation du service maintenance.la GMAO permet de gérer les tâches de maintenance d'une entreprise.

I.1. Les objectifs et les modules du GMAO : [10]

Les principaux objectifs des systèmes de GMAO sont les suivants :

- ❖ Améliorer et faciliter la gestion des interventions préventives et curatives
- ❖ Optimiser la gestion des achats et des stocks et maîtriser ses budgets
- ❖ Planifier les interventions

Les systèmes de GMAO ont tous leurs particularités, il existe des modules qu'on retrouve dans la majorité des GMAO sur le marché :

- ➢ Planning des travaux
- ➢ La Gestion des stocks
- ➢ La Gestion des achats
- ➢ La Gestion du personnel
- ➢ La Gestion du matériel
- ➢ La Gestion des historiques

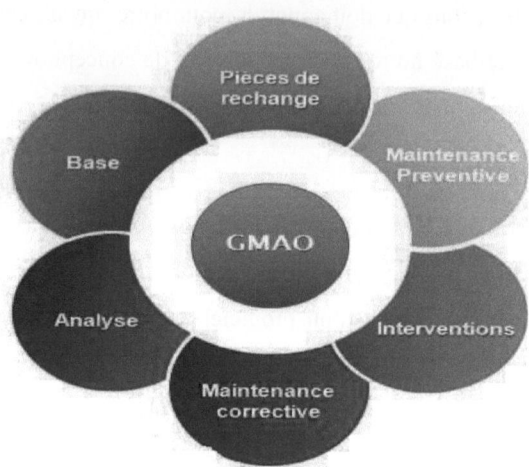

Figure 38: Module GMAO

I.2. Les avantages de la GMAO : [10]

- ❖ Conserver toutes les informations techniques définissant le matériel de production
- ❖ Conserver et accéder rapidement à tout l'historique des interventions
- ❖ Organiser et faciliter le suivi des travaux préventifs
- ❖ Suivre le niveau des pièces en stock, connaître leurs caractéristiques savoir sur quels équipements elles sont installées
- ❖ Suivre les dépenses du service
- ❖ Archiver et accéder immédiatement à toute la documentation technique maintenance.

II. Cahier de charge du Logiciel :

II.1 Présentation des fonctionnalités souhaitées par SEABG :

II.1.1. Gestion des équipements :

Pour la gestion des équipements, le logiciel doit fournir toutes les informations nécessaires au recensement des machines à savoir le constructeur, le fournisseur, la marque, le type, l'année d'acquisition, le code machine, l'atelier et la ligne ou cet équipement se situe. Chaque équipement doit avoir sa gamme de travail ainsi qu'un planning d'intervention claire.

II.1.2. Gestion des interventions préventives :

Cette fonction réunit toutes les actions à réaliser pour le bon fonctionnement des machines. Elle est alimentée par une base de données réunissant à la fois la documentation fournie par le constructeur et le savoir-faire ainsi que l'expérience du personnel de maintenance au sein de notre société.

Elle comporte les fonctions suivantes :

- ***La consultation et la saisie des gammes de travail***

A travers cette fonction, on peut consulter ainsi que saisir toutes les gammes de maintenance préventive réunissant les tâches préventives à effectuer ainsi que les pièces de rechange nécessaires pour la réalisation de ces tâches. Ces gammes de travail serviront à l'établissement d'un planning pour la visualisation générale et complète des tâches à effectuer périodiquement.

- ***La consultation des ordres de travail***

Cette fonction pourra fournir une liste des ordres de travaux émis par le chef de service maintenance. Cette fonction contiendra la date et l'heure de début et de fin de l'intervention, le personnel chargé par cet ordre ainsi que les tâches réalisées.

o ***L'émission d'un ordre de travail***

Après la consultation du planning et des gammes de travail associée à chaque machine, un ordre doit être émis pour effectuer ces interventions. La liste de ces ordres constituera un historique archivé dans la base de données du logiciel.

II.1.3. Le planning :

Cette fonction est considérée comme un résumé de toutes les tâches à effectuer suivant une échéance bien déterminée.

II.1.4. Gestion des utilisateurs:

Afin de garantir la sécurité des informations et la base de données du module informatique, il faut prévoir une gestion des utilisateurs qui identifie chaque utilisateur et l'affecte à un groupe défini par ses droits d'accès et ses limites d'utilisation.

Les groupes d'utilisateurs sont :

- ❖ Administrateur
- ❖ Responsable production
- ❖ Responsable service maintenance
- ❖ Agent de maintenance

III. Présentation de l'INTERAL [11] :

INTERAL maintenance est un gestionnaire de la maintenance informatisée de type client/serveur extrêmement performant, convivial et doté d'une interface 32 bits de qualité supérieure. Développé par l'INTERAL, ce logiciel permet de répondre aux besoins des gestionnaires d'aujourd'hui et peut être utilisé dans différents secteurs d'activités et pour des besoins variés d'entretien préventif et de maintenance industrielle.

Pour l'utilisateur, la précision et la consistance des informations sur les entretiens d'équipements, de bâtiments, d'instruments de contrôle et de véhicules seront d'une aide précieuse. Pour le gestionnaire, le suivi des implications financières des réparations et cela tout au long de l'année, se révélera un atout précieux.

- ❖ Entretiens préventifs
- ❖ Entretiens correctifs
- ❖ Pièces et matériaux
- ❖ Demande de travail
- ❖ Santé et sécurité (Cadenssage)
- ❖ Étalonnage / calibration
- ❖ Navigation graphiques
- ❖ Employés
- ❖ Planification
- ❖ Statistiques tableaux de bord
- ❖ Entretien des bâtiments / véhicules
- ❖ Collecte de données.

IV. L'importance et insertion des données :

Dans le monde de la gestion, l'efficacité et la productivité sont au cœur de la vie de l'entreprise. C'est dans l'esprit de fournir des outils permettant d'être plus efficace et aussi plus productif que l'entreprise Interal de Québec vient de mettre au point son application mobile pour la maintenance des bâtiments et la gestion des inventaires.

Figure 39 : Logiciel INTERAL

Dans notre société SEABG le département de maintenance utilise le logiciel INTERAL car il est connecté aux autres sociétés. la base de données et les mises à jour de notre logiciel nous sont fournies par la société SFBT. SEABG utilise l'INTERAL juste pour la maintenance correctif pour les lignes de production de jus et n'ont pas de préventifs. Après l'élaboration des PEP et des gammes de maintenance on va insérer toutes les interventions dans l'INTERAL suivant les nombres d'heures et/ou de jours.

IV.1. Insertion des données dans l'intéral :

IV.1.1. Equipement et statistique:

Dans l'application INTERAL, la gestion des équipements se fait séparément pour chaque équipement sous forme de fiche d'équipement permettant entre autres de voir les informations relatives à l'équipement, ses composantes, ses coûts, l'historique d'entretien correctif et préventif, les opérations possibles, etc.

Les équipements se retrouvent aussi sous forme de liste qui peut être filtrée selon divers critères.

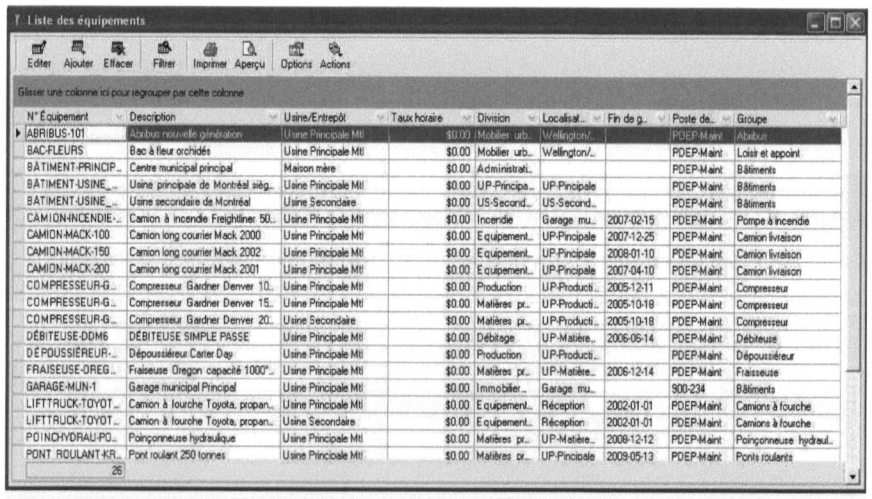

Figure 40: Liste des équipements

L'application INTERAL comptabilise aussi diverses statistiques tant économiques que techniques sur l'opération de vos équipements qui vous permettront d'orienter vos décisions futures.

IV.1.2. Gabarit et intervention:

Le gabarit est un sous élément de chaque équipement caractérisé par le nombre des jours et/ou des heures. Il est constitué par les interventions des gammes de travail selon les périodicités de chaque équipement et le personnel pour chaque intervention. En voici un exemple:

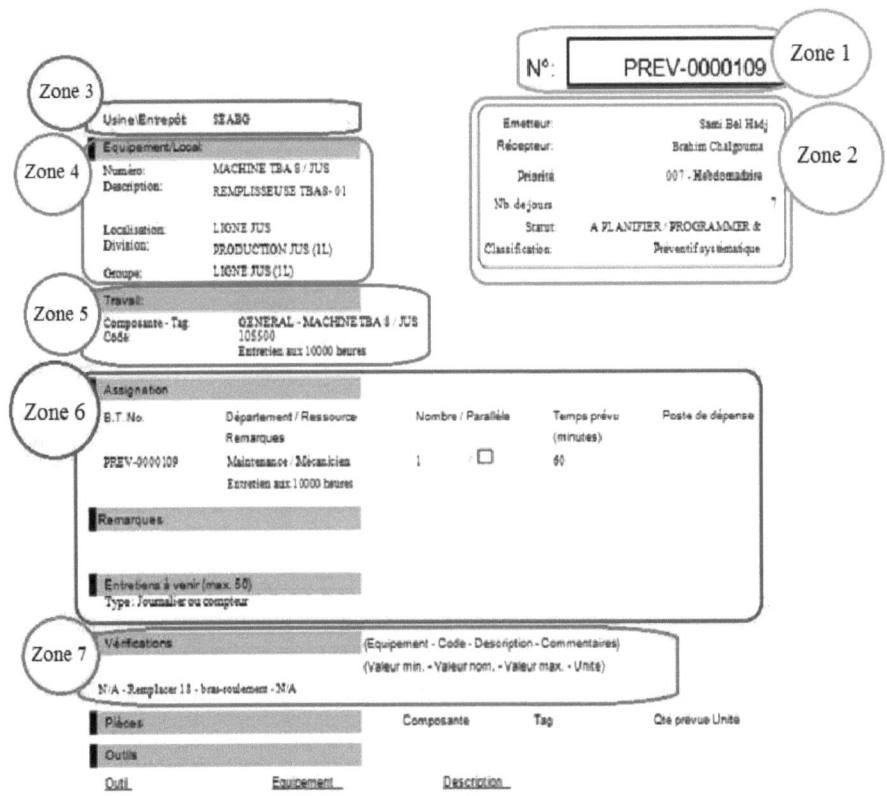

Figure 41: Gabarit préventive

La zone 1 représente le numéro de la Gabarit préventif c'est grâce à cette identification qu'on pourra maintenir un classeur comportant toutes les interventions de la gamme de travail correspondant à sa périodicité au jour de la création du gabarit. L'attribution du numéro de ce dernier est donnée par le logiciel de GMAO.

La zone 2 comporte les personnels de service maintenance qui sont l'émetteur, le responsable de maintenance et le récepteur qui doit faire les interventions et la priorité/nombre de jours qui sont équivalents au nombre des heures de production. C'est grâce à la maintenance préventive qui est systématique et programmé que nous avons un statut et une classification.

La zone 3 c'est l'usine ou l'entrepôt

La Zone 4 C'est l'équipement ou le local qui regroupe le numéro/codification, la description de la machine, la localisation et la division ou le groupe comme l'exemple de la machine TBA 8.Ces informations sont collectées par les documents constructeurs et de l'avis du responsable de maintenance.

Les zones 5 et 6 vont nous renseigner sur la liste des gabarits de toutes les tâches effectuées par la maintenance préventive avec ses périodicités : les interventions en temps prévu qui est le temps nécessaire pour faire toutes les opérations associées à chaque gamme équivalente à un numéro de gabarit ou à un bon de travail .et au type qu'il soit journalier ou compteur

Et finalement, **la zone 7**, est la vérification qui va nous permettre de mieux maintenir la machine en bon fonctionnement sans arrêts prolongés.

IV.1.3. Bon de travail :

Une gamme de maintenance peut être effectuée soit par un seul ou une équipe de techniciens selon la complexité de la tâche à réaliser.

Le technicien recevra la gamme de travail où seront inscrits toutes les tâches à réaliser et un bon de travail qui capitalise toutes les tâches avec ses périodicités.

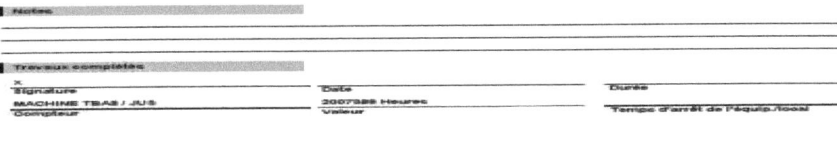

Figure 42: Bon de travail BT

Le bon de travail réunit toutes les informations nécessaires à l'identification des machines, du personnel chargé de l'entretien, de la date et l'heure de l'émission du bon de travail ainsi que du temps passé. Ces différentes informations vont s'avérer utile pour la traçabilité des équipements et le calcul du temps passé pour chaque intervention sur chaque machine.

Donc le personnel chargé de l'intervention va exécuter les tâches inscrites dans les gammes de travail et cocher celle réalisé. Ensuite il va remplir les champs obligatoire au bon de travail à savoir le temps passé, la machine, le code machine, la date et l'heure, son matricule et son nom. Ensuite remettre les documents au responsable du service maintenance pour contrôler le travail et archiver la documentation pour constituer un historique des interventions effectué.

V. La relation entre maintenance et gestion de stock [12]:

Au sein d'une entreprise, le service maintenance à des besoins importants pris par le service financière dans le monde économique actuel incite bien à minimiser les niveaux de stocks et les immobilisations financières qui en découlent.

V.1. Définition :

Le stock de maintenance est l'ensemble des biens stockés, nécessaires à la réalisation optimale de la maintenance en termes de délais, de disponibilité, coûts, qualité, sécurité. Il est constitué d'articles appartenant à la nomenclature des biens à maintenir et de matériels ou outils nécessaires à la réalisation des actions de maintenance selon la politique et les niveaux de maintenance définis.

On peut classer les biens constituant le stock maintenance en cinq catégories :
- o consommables
- o pièces à remplacement programmé (PDR)
- o pièces à remplacement non programmé
- o pièces à remplacement exceptionnel
- o matériels et outillages dédiés à la maintenance

V.2. Rôles des stocks dans une entreprise :

Une entreprise détient des stocks principalement pour coordonner temporairement ses activités d'achat et de vente. Cette coordination peut-être nécessaire dans un certain nombre de cas :

- Entre le moment de passation d'une commande et sa livraison s'écoule un temps appelé délai de livraison. En raison de ce délai, un client qui désire acheter un produit ne se trouvant pas en stock ne peut être satisfait immédiatement d'où nécessité d'un certain niveau de stock pour répondre à cette situation.

- Certains produits subissent des fluctuations de leurs prix et l'entreprise peut vouloir profiter de prix bas pour acheter et le prix élevé pour vendre.

- L'offre peut être accentuée à une période donnée de l'année alors que la demande s'étale tout au long de l'année.

Pour ce faire elle recourt à différentes techniques telle que la gestion administrative des stocks, la gestion économique des stocks et à l'étude de la rotation des stocks.

En plus des rôles poursuivis par la détention des stocks, il est important de faire le point sur la distinction fonctionnelle pour ressortir les différents types de stocks rencontrés au sein d'une entreprise et pour lesquels le gestionnaire devrait normalement tirer une particulière attention.

V.3. Enjeux de la gestion des stocks :

Les principaux enjeux liés à la gestion des stocks concernent :

Le capital important immobilisé,

Les coûts exorbitants générés en cas de rupture en pièces de rechange,

Les coûts du personnel d'exploitation, administratif et de management.

Les coûts consécutifs à la recherche des pièces, approvisionnement d'urgence et pièces obsolètes.

V.4. Gestion du stock maintenance :

La GMAO permet de gérer rationnellement le magasin tout en permettant au magasinier de mieux s'organiser, de devenir plus méthodique, La GMAO permet donc de faire des analyses rapides et de connaître les pièces dormantes, les consommations annuelles de chaque article, les pièces stockées par machine, le montant du stock immobilisé, etc.

Le réapprovisionnement est automatisé, donc les ruptures de stocks sont très limitées et les fournisseurs sont mieux évalués par leurs prix et leurs délais de livraison. Enfin, l'inventaire peut se faire en même temps que les entrées et sorties, On gagne du temps et l'adéquation entre les quantités physique et informatique est parfaite.

VI.   Création du stock minimum de PDR [13]:

Actuellement, l'importance de la finance dans le monde économique incite bien souvent les entreprises à rechercher, à minimiser les stocks ainsi que les immobilisations financières qui en découlent. Dans cet objectif, nous avons analysé l'état actuel du stock de pièces de rechange dans le but d'évaluer son organisation et garantir l'efficacité de la fonction maintenance qui consiste à rendre disponible le maximum de temps possible l'équipement de production. La gestion des pièces de rechange est l'art d'assurer le réapprovisionnement rationnel des stocks en recherchant l'optimum des coûts totaux des stocks.

V.1. La gestion des stocks de maintenance :

Le service de maintenance comme les autres services de l'entreprise doit répondre à l'objectif " zéro stock ", c'est l'un des objectifs de la qualité totale.
Aujourd'hui la rigueur impose de réduire les frais improductifs. Les industriels cherchent à diminuer les charges de maintenance tout en assurant un niveau de qualité satisfaisant. Les stocks de maintenance n'échappent pas à cette rigueur. Le stock sert à mettre à disposition du service de maintenance le matériel (outillage,

consommables et pièces de rechanges) nécessaire à l'accomplissement de sa fonction, en restant dans le cadre d'une gestion saine de l'entreprise.

V.2. Objectif:

La gestion des stocks doit permettre d'assurer une bonne disponibilité des matériels, de répondre sans délai aux demandes d'articles, de définir la prévision des besoins, d'immobiliser juste le capital nécessaire en minimisant les coûts totaux de gestion.

V.3. Activités relatives à la gestion des stocks :

Si le stock correspond à un double flux (entrées, sorties), le magasin est bien au centre d'un ensemble d'actions organisées autour de 3 activités principales.

Première activité : le magasinage

Le personnel doit assurer la réception, le contrôle, le classement des pièces de rechange et doit se préoccuper de la mise à jour et de la bonne circulation des documents.

L'assistance informatique aide à la connaissance des articles en quantité, en valeur et facilite le réapprovisionnement.

Le coût de magasinage est évalué sous forme de taux (valeur actuelle = 16 %)

Deuxième activité : la codification

L'activité précédente impose une codification claire, nette, précise et évolutive. Est répartie en deux niveaux

-Une partie qui sert à localiser l'article dans le magasin (magasin, travée, rangée)

-Une partie qui sert à identifier l'article (famille, sous-famille, caractéristiques)

Troisième activité : la gestion technico-économique

Cette activité permet de disposer du stock correspondant au juste nécessaire à partir d'éléments techniques mais aussi d'éléments économiques.

Les éléments techniques :

- Le stock de sécurité
- Le délai de réapprovisionnement du fournisseur
- La probabilité de défaillance si nécessaire

- La place disponible dans le magasin
- Les politiques de production
- La consommation, etc ....

Il existe deux catégories d'articles:
> Les pièces de rechanges
> Les consommable

V.4. Les différents types de stock :

Permettent à l'entreprise de couvrir les sorties (ou consommations) qui auront lieu entre la date de passation de la commande et la date de livraison.

- **Stock de sécurité :** c'est la quantité en dessous de laquelle il ne faut pas descendre.
- **Stock d'alerte :** c'est la quantité qui détermine le déclenchement de la commande, en fonction du délai habituel de livraison.
- **Stock minimum :** c'est la quantité correspondant à la consommation pendant le délai de réapprovisionnement : stock minimum = stock d'alerte – stock de sécurité.
- **Stock maximum :** il est en fonction de l'espace de stockage disponible, mais aussi du coût que représente l'achat par avance du stock.

VII. Présentation de PGI et de la situation actuelle [14]:

Le PGI est un progiciel de la gestion qui intègre les principales composantes fonctionnelles de l'entreprise : gestion de production, gestion commerciale, logistique, ressources humaines, comptabilité, contrôle de gestion, paie, gestion de projets, etc.

De plus, il intègre une base commune de modèles de documents (courriers, factures, etc.) et d'informations partagées (agendas, suivi des tâches, etc.). Sachant que les documents créés ou modifiés à partir d'un existant sont gérer très simplement et en temps réel.

À l'aide de ce système unifié, les utilisateurs de différents métiers travaillent dans un environnement applicatif identique qui repose sur une base de données unique. Ce modèle permet d'assurer l'intégrité des données, la non-redondance de l'information, ainsi que la réduction des temps de traitement. Pour l'organisation, c'est un gain de productivité incontestable.

Figure 43:Logiciel PGI

Dans notre société SEABG on utilise le logiciel PGI pour le suivit (entrée, sortie) sortie des pièces de rechange (écrou, moteur ….) et des consommables (rouleaux de papier emballage, bouchons …), pour faire l'inventaire chaque fin de mois. A travers le numéro du bon de travail (BT) préventifs ou correctif on va sortir les pièces de rechange nécessaires au numéro du BT mais uniquement pour la maintenance corrective pour les lignes de jus. Le numéro du BT préventif ou correctif va nous permettre d'identifier les pièces de rechanges nécessaires à l'instruction. Cela se fait uniquement pour la maintenance corrective de la ligne de jus.

C'est pourquoi on a choisi de faire le stock minimum de la maintenance préventive afin de réduire le temps d'arrêt des machines qui gaspille beaucoup de temps et d'argent.

VIII. Réalisation des tableaux de bord de gestion de stock (Préventifs) :

Après les prélèvements et les insertions des gabarits de chaque machine dans notre logiciel INTERAL, on va faire un tableau de bord pour la gestion de stock de la remplisseuse TBA 8. (Voir l'annexe 4)

VII.1. Prélèvement des pièces de rechange :

D'après l'analyse de l'AMDEC machine et l'élaboration des plannings préventifs de TBA8 on va prélever toutes les pièces de rechange dont les actions sont changées ou révisées avec ses périodicités, ses ensembles et ses éléments. par exemple dans le sous ensemble partie supérieur de la machine TBA 8, dans l'ensemble formation du tube on va changer le rouleau et l'arbre en 3000 heures de fonctionnement.

VII.2. Conversion des jours en heures de fonctionnement :

Les remplisseuses TBA8 (1L) et TBA19 (20 CL) sont des machines délicates car leur maintenance préventive fonctionne en nombre d'heures, c'est pourquoi on va convertir toutes les actions de la AMDEC qui sont en jours en heures. Les prélèvements se font par les ouvriers chaque jour et on les insère dans le GMAO après la production. Donc la conversion se fait selon la règle suivant:

La moyenne des Nombres des heures de production du jus, durant l'année est égale à 62.5 heures (h) par semaine (s). Donc la conversion est :

- ❖ <u>Mensuelle (m)</u> : $62.5 \ h/s \times 4 \ s = 250 \ h/m$

- ❖ <u>Semestrielle (6m)</u> : $250 \ h/m \times 6 \ m = 1500 \ h/6m$

- ❖ <u>Annuelle (A)</u> : $250 \ h/m \times 12 \ m = 3000 \ h/1A$

- ❖ <u>2 ans (2A)</u> : $3000 \ h/1\ ans \times 2 = 6000 \ h/2A$

- ❖ <u>3 ans (3A)</u> : $3000 \ h/1\ ans \times 3 = 9000 \ h/3A$

VII.3. Commande d'approvisionnement des pièces de rechanges :

Le temps d'approvisionnements des pièces de rechanges spécifique da la machine TBA8 est énorme. Ces pièces ne sont disponibles que chez le constructeur « Tetra pak ». Le délai pour une commande planifiée de Tetra pak est 5 semaines. Mais le temps nécessaire pour les roulements et les paliers c'est 5 jours au maximum dans tout le marché tunisien.

Et pour admettre une condition de sécurité, on va ajouter une semaine pour les commandes extérieures pour Éviter les interruptions des services douanes et 15 jours pour la commande locale. Donc :

- Délai de commandes extérieures : 6 Semaines équivalent à 375h.
- Délai de commandes locales : 2 Semaines équivalent à 125h.

VII.4. Liste des révisions nécessaires pour la remplisseuses TBA8 :

Avec les changements des pièces de rechange il existe des révisions nécessaires pour maintenir l'équipement en bon fonctionnement et voici les fiche de révision avec ses pièces de rechange spécifiques:

- ❖ Pompe peroxyde.
- ❖ Vanne préchauffage.
- ❖ Dispositif de pression.
- ❖ Engrenage d'indexage.
- ❖ Rouleau de renvoi mené.

Tableau 10: Fiche de révision de la pompe peroxyde

SEABG	Révision : Pompe peroxyde	FICHE N° :	
Atelier : Jus	Ligne : Jus 1L	Equipement: TBA 8	
Fournisseur :	Constructeur : Tetra pak	Sous équipement : Bâtis	
Date de mise en sce :	Dossier :		
Références	Désignations	Quantités	
1349920-0000	GARNITURE	1	
2510372-0000	Douille	1	
259835-0000	GARNITURE	1	
3099903-0000	TUYAU	1	
311112-0256	GOUPILLE, ISO 8752 4X20-C	1	
311411-0169	GOUPILLE FSP2,5X25RFR	1	
312105-0372	VIS M6S ISO 4017 M6x25 A480	4	
312105-0374	VIS M6S ISO 4014 M6x30 A480	5	
312105-0382	VIS M6S ISO 4014 M6x60 A480	5	
312115-0364	VIS ISO4762 M6x10 A4	4	
312115-0370	VIS ISO4762 M6x20 A4	4	
312605-0316	ECROU M6M6 Stainless	16	
312605-0320	ECROU M6M10 Stainless	1	
315105-0173	WASHER BRB10,5X22 RFR	1	
315705-0196	COIN PLAT	1	

Voir l'annexe 4 pour les restes des révisions

VII.5. Guide d'utilisation de tableau de bord :

Après la sortie de chaque bon de travail de l'INTERAL, l'agent de maintenance doit hachurer sur le tableau de bord qui est placé dans le bureau GMAO selon le nombre d'heures de la machine (chaque 125 heure une hachure s'impose) qui est inscrit dans le BT. Au terme de la casé coloré il doit faire une commande que ce soit dans le carnet local ou extérieur.

Conclusion :

Dans ce dernier chapitre, on a montré les bases sur lesquels repose l'insertion dans notre module informatique, ce qui permettra la génération d'un planning de maintenance préventive. Aussi la réalisation de gestion de stock mini pour diminuer les délais d'arrêts prolongés et à base de l'INTERAL et le PGI ils sont ouverts sur le développement à savoir l'adhésion de la maintenance corrective, la gestion du stock, de l'achat et de l'approvisionnement.

Conclusion générale

Ce travail, s'inscrit dans le cadre de projet de fin d'études pour l'obtention du Diplôme d'ingénieur, a été réalisé au sein de SEABG. Ce projet porte sur la mise en place d'un système de maintenance préventive appliquée aux machines de l'entreprise, sur l'insertion des tâches dans un module informatique et sur la réalisation du stock minium afin d'améliorer le service maintenance.

Ce projet de fin d'étude est à cheval entre la maintenance industrielle qui relève de notre spécialité et l'informatique qui est de nos jours un outil incontournable pour une gestion efficace des entreprises.

Ce travail m'a permis d'une part d'approfondir mes connaissances en conception et développement des systèmes d'information et d'autre part de renforcer mon esprit d'organisation et de gestion du patrimoine technique des entreprises sans parler de l'expérience et des acquis professionnels qui ont consolidé ma formation de base.

Tout au long de ce projet, on a étudié la situation existante au sein du service maintenance à SEABG, on a œuvré à mettre en place un système de maintenance fiable et qui répond à l'exigence de ce service. Ensuite on a élaboré un cahier des charges répondant au besoin de l'entreprise.

Pour garantir la facilité du suivi au quotidien du personnel pour chaque pièce de rechange, j'ai mis en place un tableau de bord pour la gestion de stock mini pour la maintenance préventive de la remplisseuse TBA8. L'utilisation de ce tableau est simple du moment qu'elle ne nécessite pas une connaissance informatique .Il suffit juste de suivre le compteur du bon de travail fourni par le responsable du bureau GMAO.

Ce tableau va permettre d'améliorer la fonction maintenance par une meilleure planification des interventions préventives et correctives et une meilleure maîtrise des équipements.

En guise de perspective, on recommande la mise à jour des systèmes mettant en évidence tous les indicateurs de performance et qui intègrent la gestion des stocks et de l'approvisionnement ainsi qu'une aide à la prise de décision en termes de politique et de stratégie de maintenance.

Le présent rapport de projet de fin d'étude est muni d'un manuel regroupant tous les plans d'entretien périodique, les gammes de travail et les plannings qu'on a élaboré avec un grand soin. Les deux manuels fournis pourront donc être utilisé pour gérer la maintenance préventive de toutes les machines de la ligne de jus de l'entreprise SEABG.

Référence bibliographie & Webographie

[1] http://85.31.208.162/blogs/tournoi/dossiers/vsurfmaintenance.pdf

[2] A.BELHOMME, stratégie de maintenance, (cours SDM)-BTS, 2010-2011, 66 pages

[3] http://liberty.1.free.fr/maintmecatro/01%20 %20Introduction%20a%20la %20maintenance%20industrielle.pdf

[4] http://tpmattitude.fr/methodes.html

[5] http://www.cfaiprovence.asso.fr/Extranet/Apprentis/cours/differents_types_maintenance/05-preventive.html

[6] http://tpmattitude.fr/methodes.html

[7] : Diagramme-Ishikawa, Agence national pour la promotion de l'innovation et de la Recherche, Luxemburg, 2008.

[8] http://www.umc.edu.dz/vf/images/cours/maintenance-industrielle/chapitre%201.pdf

[9] : Eric METAIS, Base de connaissance AMDEC, Cabinet DEVINCI Conseil, 2004, 96 pages

[10] : Membres de la commission de normalisation, Maintenance industriel FDX-60-000, troisième Edition, l'Association Française de Normalisation (AFNOR)/Mai 2002

[11] http://www.interal.com/fr/produits/gestionMaintenance/index.asp

[12] http://lpmei.com/cd_bac_mei/Ressources/5-%20Ressource%20Gestion%20de%20Maintenance/stock%203.pdf

[13] http://www.pfinfo.fr/aidegen/index.php?option=com_content&view=article&id=21&Itemid=133

[14]http://www.pfinfo.fr/aidegen/index.php?option=com_content&view=article&id=21&Itemid=133

ANNEXE 1

Machine TBA 8

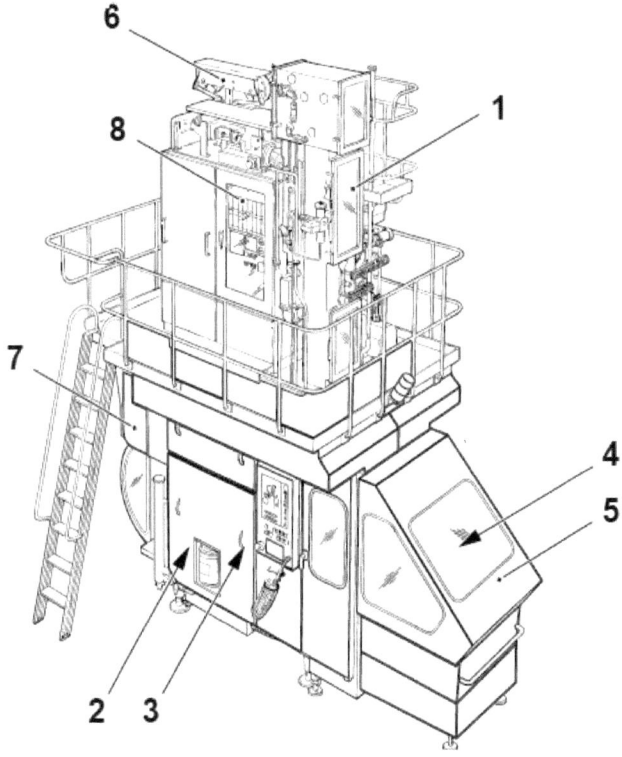

1 : Partie supérieur

2 : Bâtis

3 : Système d'entrainement

4 : Système mâchoire

5 : Unité de pliage finale

6 : Applicateur film

7 : Unité de raccordement automatique

8 : Equipement électrique

Partie supérieur

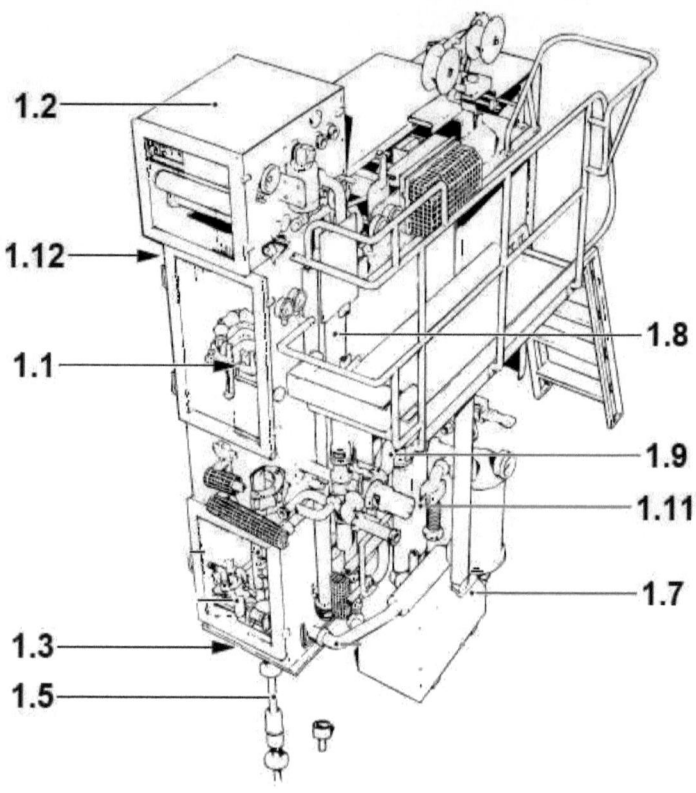

1.1 Formation tube
1.2 Séchoir
1.3 Colonne
1.4 Tube de remplissage
1.5 Compresseur
1.6 Bain peroxyde
1.7 Ensemble de raccord
1.8 Circuit d'air stérile

Bâtis

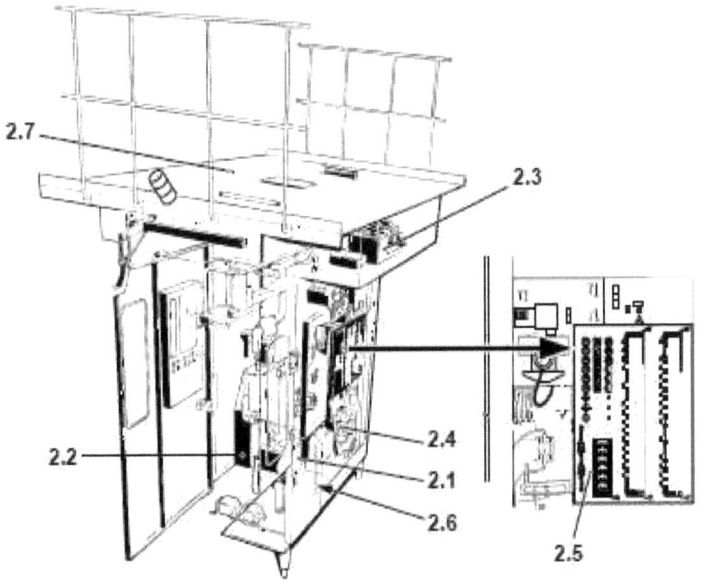

2.1 : Lubrification centrale
2.2 : Réservoir peroxyde
2.3 : Circuit hydraulique
2.4 : Tableau des vannes inférieures
2.5 : Tableau des vannes supérieur
2.6 : Tuyauterie du circuit d'eau
2.7 : Plate-forme

Applicateur de film

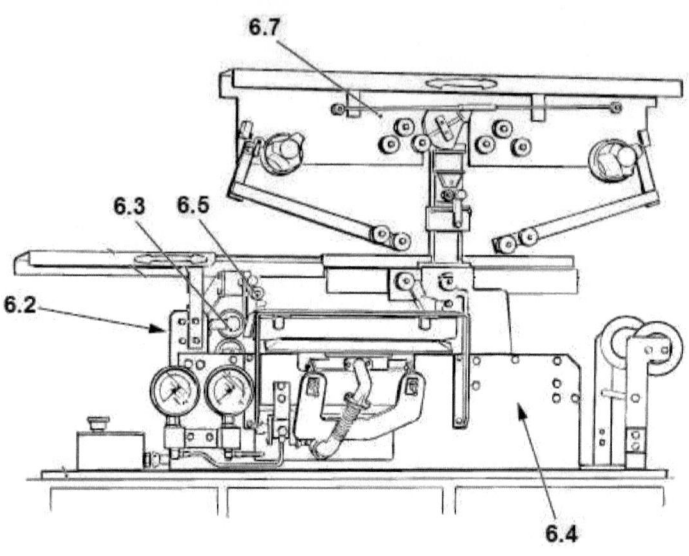

6.2 :	Guide papier
6.3 :	Rouleaux de pression
6.4 :	Applicateur film
6.5 :	Guide film
6.7 :	Magasin film

Système d'entrainement

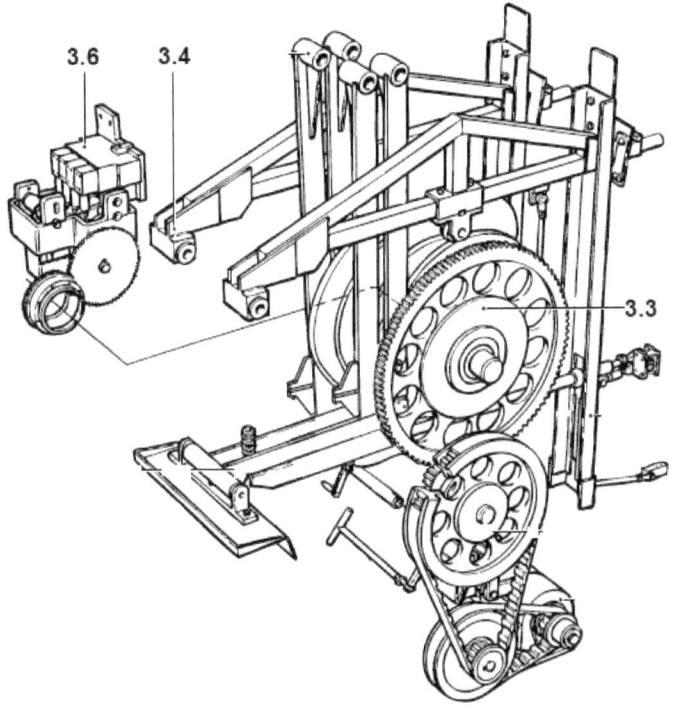

3.3 : Arbre à cames
3.4 : Bras
3.6 Générateur d'impulsion

Système mâchoires

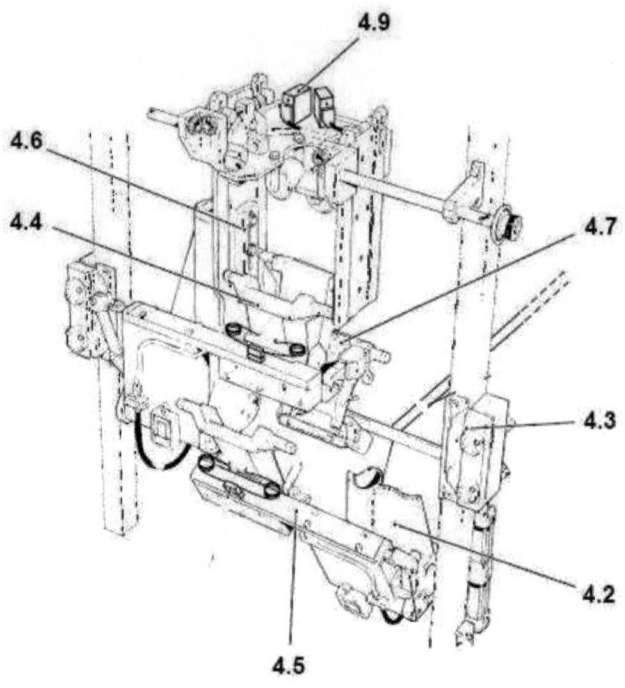

4.2 : Cadre
4.3 : Système de correction de décor
4.4 : Joue de volume
4.5 : Mâchoire de cisaillage
4.6 : Pièce courbe de volume
4.7 : Mâchoire de pression
4.9 : Code à barre

Unité finale de pliage

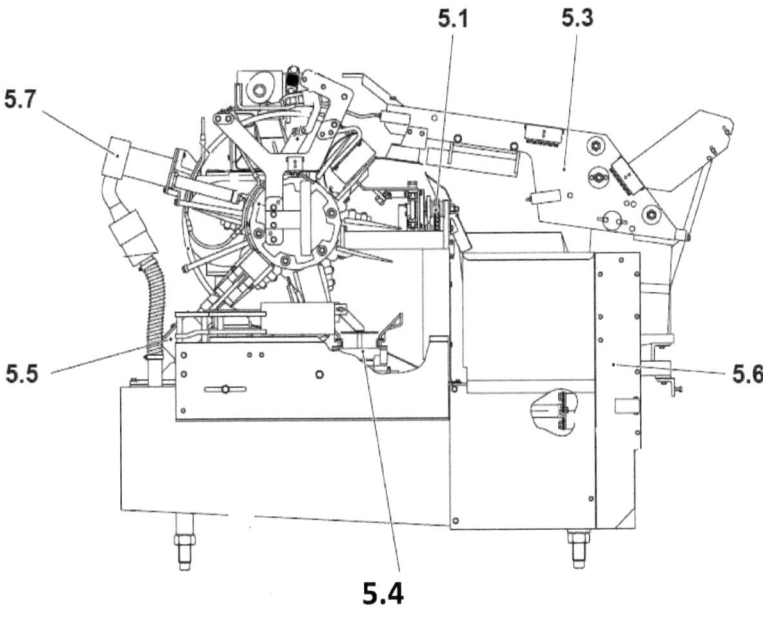

5.1 : Système d'alimentation

5.3 : Système de lubrification

5.4 : Système de sortie

5.5 : Dispositif de pression

5.6 : Bâtis de machine

5.7 : Elément de pliage finale

5.9 : Roue d'indexage

Unité de raccordement automatique

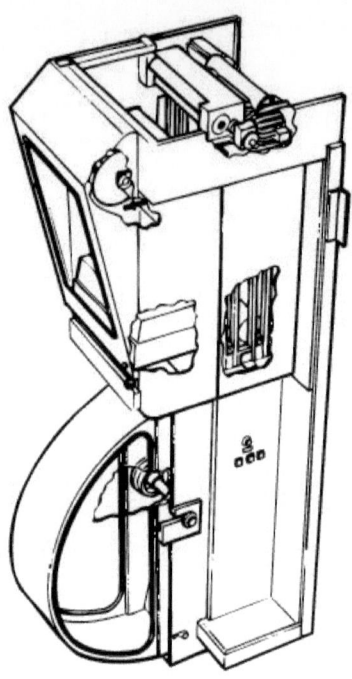

ANNEXE 2

AMDEC MACHINE TBA8

AMDEC MACHINE – ANALYSE DES MODES DE DÉFAILLANCE DE LEURS EFFETS ET DE LEUR CRITICITÉ							Phase de fonctionnement: Normale					AMDEC MACHINE Page: 1-7				
Date de l'analyse:		Système: TBA 8 Sous-système: Partie supérieur														
Élément	Fonction	Mode de défaillance	Cause de la défaillance	Effet de la défaillance	Détection		Criticité				Intervention		Criticité			
						F	G	N	C			F	G	N	C
Formation du tube	Former le tube	Coincement des galets et de rouleaux de pression	- Axe / bague / douilles endomager - Déchets de film	Décher de papier		4	1	2	8		- **MPH:** Nettoyer les déchets de film - **MPA:** Changer axe où bague ou douilles	2	1	2	4
		Coincement du guide papier (collier de formation)	- Roulements du guide papier		Visuel + bruit	2	2	3	12		-**MP2A:** Contrôler et changer si nécessaire roulements du guide papier	1	2	3	6
		- usure de materiels et désalignement des galets et de rouleaux de pression (couronne de formation inférieur)	Frottement aux rotations des galets	-Mauvaise formation de tube		1	2	3	6		- **MP2A:** Vérifier et changer si nécessaire les galets et les rouleaux de pression - **MPS:** Vérifier et régler la distance entre les galets - **MPS:** Régler au moyen de rondelles de calage	1	2	2	4

AMDEC MACHINE TBA8

Fonction	Sous-fonction	Mode de défaillance	Cause	Effet	Détection	F	G	N	C	Action	F	G	N	C
Formation du tube	Former le tube	- Mauvais Recouvrement	rouleau de recouvrement	-Mauvais alignement de tube	Visuel	4	2	3	24	- **MPA:** Régler la distance de rouleau de recouvrement	2	2	3	12
		usure de matériels	- couteaux d'air endommagé	- papier mouiller - Décher papier	Visuel + bruit	2	2	3	12	- **MPM:** Nettoyer les guides d'air et les rails de guidage - **MPM:** Vérifier qu'il n'a pas de fuite dans les raccord d'air - **MP2A:** Régler le couteau d'air et changer si nécessaire - **MPM:** Régler la température d'air du couteau d'air - **MP2A:** Contrôler le fonctionnement du vérin et changer si nécessaire	1	2	3	6
séchoir	sécher le papier	coincement des rouleaux de calandrage et du guide papier	- Axe / bague / douilles endommagé - Roulements du guide papier	présence des gouttes de peroxyde -Mauvais séchage de papier	Visuel + bruit	3	2	5	30	- **MPA:** Controler les rouleaux de calandrage - **MPA:** Changer axes où bagues ou douilles	2	2	5	20

AMDEC MACHINE TBA8

Élément	Fonction	Mode de défaillance	Cause	Effet	Détection	F	G	N	C	Action	F	G	N	C
séchoir	sécher le papier	- usure de matériels et présence de jeu des rouleaux de calandrage	Frottement lors de la rotation des rouleaux de calandrage	- présence des gouttes de peroxyde -Mauvais séchage de papier	Visuel + bruit	2	2	5	20	- **MP2A**: changer les rouleaux de calandrage - **MPA**: Régler la distance entre la rotule et le piston de vérin	2	2	5	20
séchoir	sécher le papier	- coincement des rouleaux renvoi menés du sorties séchoir	roulement des rouleaux renvoi menés	pas de papier sèches au sorties de séchoir	Visuel + bruit	1	2	3	6	-**MPS:** Vérifier qu'il n'a pas de jeux important aux niveaux des roues dentées - **MPA:** Vérifier l'accouplement de roue libre et changer si nécessaire - **MPA**: Contrôler les roulements à bille - **MPA**: vérifier le fonctionnement du moteur et l'état de balais de charbon - **MP2A**: réviser et régler la vitesse du rouleau de renvoi mené	1	2	1	2

AMDEC MACHINE TBA8

Fonction	Sous-fonction	Mode de défaillance	Cause	Effet	Détection	F	G	D	C	Action	F	G	D	C
Colonne	Soudure de tube	Coincement des rouleaux du système soudure	- Arbre / rouleaux / joint endommagée	mauvaise formation la colonne et perte produit	Visuel + bruit	5	1	2	10	- **MPS:** Vérifier l'épaisseur des joints d'étanchéités et joints toriques et changer si nécessaires - **MPA:** Contrôler les rouleaux de pression et les arbres et changer si nécessaire	3	1	2	6
		- paquet non soudé	- couronne de formation supérieur non régler	- perte de produit	Visuel + test	5	1	2	10	- **MPS:** Régler la distance entre la couronne de formation inférieure et supérieure	3	1	2	6
Colonne	Soudure de tube	- Tube non soudé	- température manquantes d'air chaude. - force manquante de rouleau de pression au moyen d'un dynamomètre	- Fuite de produit	Visuel + test	5	1	2	10	- **MPM:** Vérifier et régler la température d'air chaude au niveau de tube - **MPS:** Vérifier la force du rouleau de pression - **MPM:** Nettoyer les buses	3	1	2	6

AMDEC MACHINE TBA8

Élément	Fonction	Mode de défaillance	Cause	Détection	F	G	N	C	Action	F	G	N	C
Tube de remplissage	remplir le tube	usure du matériels du tube de remplissage	- goupilles /articulation / vanne papillon endommagé - usure de flotteur	- fuite /manque de produit -Mauvaise remplissage	Visuel à l'arrêt + test	4	1	3	12	- **MPA:** Vérifier les goupilles des axes et les articulations ne sont pas usées et changer si nécessaire - **MPM:** Vérifier l'absence de fuite du dans le flotteur et régler si nécessaire - **MPA:** Vérifier le fonctionnement du vanne papillon	2	1	3	6
Compresseur	comprimer l'air stérile et séparer l'eau de l'air	usure de matériels	- Colmatage des filtres	- Manque de pression	test + bruit	3	2	2	8	- **MPA:** Nettoyer les filtres d'aspiration et de séparation et le flotteur - **MPA:** Contrôler et régler le flotteur - **MP2A:** Changer filtres d'aspération et de séparation	2	2	2	6

AMDEC MACHINE TBA8

Élément	Fonction	Cause	Mode	Effet	Détection	F	G	D	C	Action	F	G	D	C
Circuit d'air stérile	stériliser l'air (chambre aseptique et matériels de machine)	usure de matériels	échangeur thermique endommagé	Température erronée -arrêts de machine	Visuel +test+ arrêt machine	3	4	1	12	- **MPM:** Vérifier et régler la température au sorties d'échangeur et la pression d'air stérile - **MPA:** Réviser le vanne pré-stérilisation et aspiration - **MP2A:** Changer l'échangeur thermique	2	4	1	8
Ensemble de raccord	Barriere vapeur et stérilisation tube de remplissage	usure de matériels	- Colmatage de filtre à vapeur de vanne C	bouchage de circuit vapeur - arrêt de machine	Visuel + arrêt machine	3	2	5	30	- **MPS:** Nettoyer le filtre à vapeur avec eau distillée et filtrée - **MPA:** Nettoyer le condenseur - **MP2A:** Changer détendeur - **MPM:** Vérifier la température et la pression du vapeur	2	2	5	20

AMDEC MACHINE TBA8

Ensemble	Fonction	Mode de défaillance	Cause	Effet	Détection	F	G	D	C	Action
Ensemble de raccord	Assurer le passage de produit	usure de matériels	- Vanne A /joint d'étanchéités /Membranes endommagé	fuite de produit/manque de produit non stérilisé -arrêts de machine -mélange produit avec vapeur	Visuel + arrêt machine	3	2	5	30	- **MPS:** Vérifier les circuits d'air - **MPA:** Contrôler les capteurs et changer si nécessaires - **MPS:** Contrôler les joints d'étanchéités et les membranes et les vérin de vanne A et C et changer si nécessaire - **MPM:** Vérifier et régler la Pression de produit	2	2	5	20
Ensemble de raccord	Stérilisation et CIP	usure de matériels	- Vanne B /joint d'étanchéités /Membranes endommagé	Pas de nettoyage de chambre Aseptique et pas de stérilisation -arrêts de	Visuel + arrêt machine	3	2	5	30	- **MPS:** Contrôler les joint d'étanchéité et des membranes et le vérin de vanne B et changer si nécessaire	2	2	5	20

AMDEC MACHINE TBA8

Date de l'analyse:	AMDEC MACHINE – ANALYSE DES MODES DE DÉFAILLANCE DE LEURS EFFETS ET DE LEUR CRITICITÉ										AMDEC MACHINE				
	Système: TBA 8 *Sous-système: Batis*					Phase de fonctionnement: Normale				Page: 1					
Élément	Fonction	Mode de défaillance	Cause de la défaillance	Effet de la défaillance	Détection	Criticité				Intervention	Criticité			
						F	G	N	C		F	G	N	C
Lubrification centrale	lubrifier la machine	usure de matériels	pression de lubrification erronée	bruit et vibration anormal de machine	Visuel + bruit	3	2	3	18	- **MPS:** Vérifier et régler la pression - **MP2A:** purger le circuit et changer si nécessaire la pompe de lubrification	2	2	3	12

AMDEC MACHINE TBA8

Élément	Fonction	Cause	Mode	Effet	Détection	G	F	D	C	Action
réservoir peroxyde	pasteuriser l'emballage	usure de matériels	température et niveaux dans le bain de peroxyde erroné -bruit important	arrêts courte de la machine	Visuel + bruit	4	2	1	8	- **MPM**: vérifier le réservoir de peroxyde - **MPS**: Contrôler le tuyau de peroxyde - **MP2A**: Contrôler et réviser la pompe de peroxyde -**MPM**: Vérifier et régler la température de peroxyde et du bain d'eau - **MPM**: Vérifier et régler la pression d'air du réservoir peroxyde
						2	2	1	4	

AMDEC MACHINE TBA8

AMDEC MACHINE – ANALYSE DES MODES DE DÉFAILLANCE DE LEURS EFFETS ET DE LEUR CRITICITÉ

Système: TBA 8
Sous-système: Applicateur de film

Date de l'analyse:
Phase de fonctionnement: Normale
AMDEC MACHINE
Page: 1-2

Élément	Fonction	Mode de défaillance	Cause de la défaillance	Effet de la défaillance	Détection	Criticité F	Criticité G	Criticité N	Criticité C	Intervention	Criticité F	Criticité G	Criticité N	Criticité C
Guide papier	Guider l'emballage	Coincement du guide papier	- Roulements du guide papier	Déchirer de papier	Visuel + bruit	4	1	2	8	**MPS:** Régler l'ergot de guidage à la même hauteur que la bande du matériau d'emballage	2	1	2	6
Rouleaux de pression	Presser le film dans l'emballage	Coincement des rouleaux de pression	- Rouleaux /manchon en téflon/ressort douilles endommagé	- Mauvaise soudure - pas de passage de papier	Visuel + bruit	3	1	2	6	- **MPS:** Contrôler et changer si nécessaires les manchons en téflon sont intact - **MPA:** Régler et changer si nécessaires le ressort - **MPS:** Contrôler et régler les rouleaux et les buses d'arrêts court et changer les rouleaux si nécessaires - **MPM:** Vérifier les trous d'air ne sont pas bouchés	2	1	2	4

AMDEC MACHINE TBA8

Élément	Fonction	Cause	Mode	Effet	Détection					Action				
Applicateur de film (AF)	Appliquer le film dans l'emballage	usure matériels	- Température de soudure erronée -résistance endommagé	Mauvaise soudure de film	Visuel	3	1	2	6	- **MPM:** Contrôler et régler la pression de soudure du manomètre AF et AC - **MPA:** Changer l'élément chauffant - **MPM:** Contrôler les buses d'air et changer si nécessaire - **MPM:** Vérifier et régler la température d'air	2	1	2	4
Guide film	Guider le filme	coincement du guide de film	roue de guidage endommagé	mauvaise passage de film	Visuel + bruit	3	1	2	6	- **MPA:** Contrôler et changer si nécessaires les roues de guidage et les douilles	2	1	2	4
Magasin film	Emmagasiner le film	usure matériels	dysfonctionnement du bras de frein - Roulements endommagé	- arrêts non abouties	Visuel + bruit	3	1	2	6	- **MPS:** Contrôler et régler les 2 bras de frein - **MPS:** Vérifier les joint torique et les rouleaux - **MPH:** Contrôler le bobine de film - **MP2A:** Changer les roulements si nécessaire	2	1	2	4

AMDEC MACHINE TBA8

AMDEC MACHINE – ANALYSE DES MODES DE DÉFAILLANCE DE LEURS EFFETS ET DE LEUR CRITICITÉ

Date de l'analyse:						Phase de fonctionnement: Normale					AMDEC MACHINE				
											Page: 1-3				

Système: TBA 8
Sous-système: Système d'entraînement

Élément	Fonction	Mode de défaillance	Cause de la défaillance	Effet de la défaillance	Détection	Criticité				Intervention	Criticité			
						F	G	N	C		F	G	N	C
Système de lubrification	Lubrifier la machine	- usure des pièces de machine	manque lubrification de machine	bruit et température anormal - Pression huile erronée (alarme)	Visuel + bruit + alarme	1	5	4	20	- MPS: Vérifier les flexibles de lubrification ne fuient pas et/ou ne sont pas bouchés	1	2	4	8
unité d'entrainement	Entrainer le système	- Usure de frein	- Dysfonctionnement de frein de machine en arrêt court	- Arrêts court non abouties		2	3	3	18	- MP2A: Contrôler le fonctionnement du frein - MPA: Régler la distance A entre la bobine de frein et l'induit en disque	1	3	3	6
unité d'entrainement	Entrainer le système	usure de courroie de transmission	Courroie endommagé	- paire de mâchoire pas en position basse	Visuel + bruit + vibration	2	3	2	12	- MPA: Vérifier et régler la tension de la courroie dentée - MP2A: Vérifier l'usure et/ou l'état des courroies et changer si nécessaires	1	3	2	6

AMDEC MACHINE TBA8

Élément	Fonction	Cause	Mode de défaillance	Effet	Détection	G	F	D	C	Action	G	F	D	C
Arbre à cames	Coupler le système	- usure matériels	- Cames endommagées	- Position incorrecte des mâchoires - Arrêts et déclenchement des alarmes de production au niveau de système mâchoire	bruit	2	5	4	40	- **MP2A:** Vérifier l'état des surfaces de contact des cames et changer si nécessaires - **MPA:** Régler l'alignement des cames avec la tige d'alignement - **MPS:** Graisser au moyen de deux graisseur	1	5	4	20
Bras	Balancier le bras	Coincement du bras	- Roulements	- Arrêts et déclenchement des alarmes de production au niveau de système mâchoire	Visuel + bruit	1	5	4	40	- **MP2A:** Contrôler les roulements à billes	1	5	4	20

AMDEC MACHINE TBA8

Bras	Balancier le bras	Coincement des galets de support de bras oscillant	- Galet / douilles endommagée	- Position incorrecte des mâchoires - Arrêts et déclenchement des alarmes de production au niveau de système mâchoire	Visuel + bruit	2	5	4	40	- **MPA:** Nettoyer les galets de support et changer si nécessaires - **MP2A:** Contrôler et remplacer si nécessaires les douilles d'articulation avant - **MPA:** Régler l'articulation	1	5	4	20
Bras	Balancier le bras	Coincement et/ou frottement des galets de balancier	- Axe / bague / roulements/ galets douilles endommagé	Position de mâchoire erronée	Visuel + bruit	2	5	4	40	- **MP2A:** Changer l'axe /bague du galet - **MPA:** Contrôler du galet du support - **MP2A:** régler le de l'interrupteur de fin de course - **MPM:** Vérifier que tous les alarme sont activées	1	5	4	20

AMDEC MACHINE TBA8

Générateur d'impulsion	Positionner le système mâchoire	usure matériels	- Emetteur d'impulsion	Positon des mâchoires erroné	Visuel	3	4	3	36	- **MPS:** Contrôler et régler le positon de vis et de plongeur - **MPA:** Contrôler l'encodeur et réparer la connexion électrique si nécessaire - **MPA:** Contrôler et changer si nécessaire l'accouplement flexible - **MPS:** Vérifier si l'huile ne contient pas de l'eau et si il arrive au niveau du trou
										2
										4
										3
										24

AMDEC MACHINE TBA8

Date de l'analyse:		AMDEC MACHINE – ANALYSE DES MODES DE DÉFAILLANCE DE LEURS EFFETS ET DE LEUR CRITICITÉ					Phase de fonctionnement: Normale				AMDEC MACHINE Page:1-6				
		Système: TBA 8 Sous-système: Système mâchoires													
								Criticité					Criticité		
Élément	Fonction	Mode de défaillance	Cause de la défaillance	Effet de la défaillance	Détection	F	G	N	C	Intervention	F	G	N	C
Système mâchoire de pression	presser le paquet	- Coincement des galets de came	- Galet /bague endommager	paquet froissé	Visuel + bruit	2	5	3	30	- **MP2A:** Contrôler les bagues et les galets de came et les roulements à billes et changer si nécessaires - **MPA:** Contrôler et régler le bras de liaison - **MPM:** Vérifier et régler la pression des mâchoires qu'il soit égale à 1 MPa - **MPM:** Vérifier les raccords d'air	1	5	3	15
Système de lubrification	lubrifier le machine	- usure de matériels	manque lubrification de machine	bruit et température anormal - Pression huile erronée (alarme)	visuel+Bruit + alarme	3	4	1	12	- **MPM:** Vérifier les flexible de lubrification ne fuient pas et/ou ne sont pas bouchés	2	4	1	8

AMDEC MACHINE TBA8

Élément	Fonction	Cause	Mode/Effet	Détection	F	G	D	C	Actions
Cadre	déplacer les mâchoires	Coïncement du cadre de système mâchoire	Position incorrecte et crash des deux mâchoires	Visuel + bruit	3	4	1	12	- **MPA:** Vérifier les roulements et les douilles et l'usure des éléments de centrage et les pistons et changer si nécessaires	2	4	1	8
		roulements /Douilles /éléments de centrage / pistons endommagé							- **MPA:** Lubrifier et changer joint racleur et du joint en feutre si nécessaires
Système correction de décor	Assurer la décoration des paquets	- Usure matériels	- Décor de paquet de jus inacceptable - Alarme au niveau de machine	visuel + alarme	3	2	1	6	- **MPS:** Contrôler les flexibles d'air et les raccords s'ils sont bouché	2	2	1	4
		- Carter palier et du came / vérin endommagé							- **MPA:** Régler le vérin et changer si nécessaires
									- **MPS:** Vérifier le carter de palier et de la came
									MPA: Vérifier et changer si nécessaires les goujons et la palette d'arrêts et les roulements et l'arbre excentrique

AMDEC MACHINE TBA8

Défaillance	Cause	Effet	Mode de détection	Détection	F	G	D	C	Action	F	G	D	C
joue de volume	régler le volume de paquet	- Usure matériels	joue de volume/galet de came/ arbre endommagé	Volume de paquet non réglé	Visuel	3	2	1	6	- **MPM:** Vérifier si les joues de volume ne sont pas fissurées ni abimées et régler l'alignement - **MPS:** Contrôler les galets de came - **MPS:** Vérifier le jeu radial de l'arbre - **MPA:** Contrôler l'arbre / plaque de volume/ goupille d'axe / galet de came / douilles et changer si nécessaire	2	2	1	4

AMDEC MACHINE TBA8

Élément	Fonction	Cause	Détection					Action				
Mâchoires de cisaillages	scier les paquets	usure matériels	- Bagues /arbre / galets endommagé	Tube rempli et non scié - température des mâchoires de cisaillages érronée	visuel+Bruit	2	2	1	4	- **MPA:** Contrôler l'huile et les conduits, purger le circuit et faire la vidange si nécessaires - **MPA:** Vérifier et régler le mécanisme des volet de pliage et l'espace en hauteur et verticale entre les deux mâchoires - **MP2A:** réviser le mâchoire de cisaillage - **MPM:** Vérifier et régler la température des mâchoires de cisaillages et la pression	1	2	1	2
pièce courbe de volume	Modifier les postions des paquets	Coincement de pièce courbe de volume	- Galets de support/ amortisseur / bague /axe endommagé	Position des paquets erronés	visuel	3	1	2	6	- **MPA:** Contrôler et régler les cames de volume - **MPS:** Vérifier le bouton de réglage qu'il tourne librement - **MPS:** Vérifier les galets de support s'il tourne librement	2	1	2	4

AMDEC MACHINE TBA8

Élément	Fonction	Mode de défaillance	Cause	Effet	Détection	G	F	D	C	Action
Code à barre	Assurer le positionnement de code à barre	- Usure matériels	- cellule photoélectrique endommagé	- Mauvaise position de code à barres de paquet de jus	Visuel	3	2	1	6	- **MPA:** Contrôler et régler la position au niveau de potentiomètre et a sensibilité des lentilles des cellules photoélectrique sont intactes
						2	2	1	4	

AMDEC MACHINE TBA8

AMDEC MACHINE – ANALYSE DES MODES DE DÉFAILLANCE DE LEURS EFFETS ET DE LEUR CRITICITÉ											Phase de fonctionnement: Normale			AMDEC MACHINE			
Système: TBA 8 *Sous-système: Unité finale de pliage*														Page: 1-5		
Date de l'analyse:															
Élément	Fonction	Mode de défaillance	Cause de la défaillance	Effet de la défaillance	Détection	Criticité				Intervention	Criticité			
						F	G	N	C		F	G	N	C
Système d'alimentation	Alimenter l'UFP	- usure de matériels du système d'alimentation de pliage finale (entrée)	- Tendeur/chaine endommagé	- Alarme et arrêts de machine	bruit	2	2	1	4	- **MPA:** Régler les protections surcharges - **MPA:** Contrôler et régler le tendeur de chaine - **MP2A:** Contrôler les circlips et la chaine et changer si necessaire - **MPA:** Vérifier le jeu éventuel du coulisseau et des douilles et les changer si nécessaires	1	2	1	2

AMDEC MACHINE TBA8

Élément	Fonction	Mode de défaillance	Cause	Effet	Détection	F	G	N	C	Action	F	G	N	C
Système de lubrification	Lubrifier l'UFP	- usure des pièces (Bâti) de machine	manque lubrification de machine	bruit et température anormal - Pression huile erronée	visuel+Bruit + alarme	4	4	2	32	- **MPS:** Nettoyer l'élément de filtre et la brosse de système lubrification et changer si nécessaire - **MPM:** Vérifier les raccords d'huile du filtre ne fuit pas	3	4	2	24
Convoyeur	Assurer le déplacement des paquets de l'entrée vers l'UFP	- Coincement des paquets de jus au niveau de système d'entrée et de sortie	- Usure matériels	paquet non déplacer dans l'UFP (entrée et sorties) -pas de synchronisation on entre les chaine droite et gauche (Bourrage)	visuel+Bruit	2	4	2	16	- **MPS:** Régler la hauteur de système convoyeur - **MP2A:** Contrôler les roue dentée et changer si nécessaire - **MPA:** Contrôler l'états des éléments d'entrainement et des guide plastique et changer si nécessaires	1	4	2	8

AMDEC MACHINE TBA8

Élément	Fonction	Cause	Mode de défaillance	Effet	Détection	F	G	N	C	Action	F	G	N	C
Dispositif de pression	Plier les paquets	- Usure de matériels et coincement de dispositif de pression	dispositif de pression endommagé	- paquet non plié	visuel	2	4	2	16	- **MPS:** Contrôler le fonctionnement du dispositif de pression - **MP2A:** Réviser le dispositif de pression - **MPA:** Vérifier et régler le jeu de bras - **MPS:** Contrôler le flexible du collecteur de lubrification - **MPS:** Régler les barres de pliage	1	4	2	8
Bâti de machine	Coupler l'UFP	- usure de matériels	- courroie / câble électrique endommagé	- Arrêts de système pliage - Bruit et jeu anormal	Visuel + bruit	2	4	2	16	- **MP2A:** Contrôler la roue menant de réducteur et réviser si nécessaires - **MPS:** Vérifier l'états des câbles électrique et des connexions et changer si nécessaires	1	4	2	8
Engrenage d'indexage	Coupler et synchroniser l'UFP	- usure matériels	- Roulement / axe / roue endommagé	- arrêts de volet de pliage	Visuel + bruit	2	5	4	40	- **MP2A:** Réviser l'engrenage d'indexage	1	5	4	20

AMDEC MACHINE TBA8

Elément	Opération	Cause	Effet	Détection				Action			
Elément finale de pliage	Plier les paquets	- Coincement du système tasseur - Cames / rouleaux endommagé	pliage de paquet et température erronée	Visuel	2	4	2	16	- **MP2A:** Vérifier l'état de rouleau / joints / goupilles / cames et changer si nécessaires - **MPA:** Contrôler et régler les ressorts - **MPM:** Vérifier et régler la température des cornes supérieur gauche et droite - **MPM:** Vérifier et régler la température des cornes inférieur	1	4	2	8

AMDEC MACHINE TBA8

Système de sorties	Sortir les paquet plié	- Coincement du système de sortie										
		- Chaine /pignon /éléments d'entrainement endommagé	pas de paquet dans le sortie de UFP	Visuel	2	4	2	16	- **MPA:** Vérifier l'état de l'élément d'entrainement et les guide en plastique - **MPA:** Vérifier et régler l'allongement du chaine et le tendeur de chaine - **MP2A:** Contrôler et changer si nécessaire les chaines et les pignons	1	4	2	8

AMDEC MACHINE TBA8

Date de l'analyse:	AMDEC MACHINE – ANALYSE DES MODES DE DÉFAILLANCE DE LEURS EFFETS ET DE LEUR CRITICITÉ					Phase de fonctionnement Normale				AMDEC MACHINE Page: 1				
	Système: TBA 8 Sous-système: Equipement électrique													
							Criticité					Criticité		
Élément	Fonction	Mode de défaillance	Cause de la défaillance	Effet de la défaillance	Détection	F	G	N	C	Intervention	F	G	N	C
Equipement électrique	Assurer la présence de programme	- Usure matériels	- Arrêt du programme	- Arrêts de machine	Visuel + bruit	3	1	1	3	- **MPS:** Etalonner et régler les régulateurs de température - **MPJ:** Contrôler les fonction de sécurité (portes, bouton d'arrêt d'urgence) - **MPA:** Séré de tout les borner de contacteur relais...	3	1	1	2

AMDEC MACHINE TBA8

Date de l'analyse:	AMDEC MACHINE – ANALYSE DES MODES DE DÉFAILLANCE DE LEURS EFFETS ET DE LEUR CRITICITÉ									Phase de fonctionnement Normale					AMDEC MACHINE Page: 1					
	Système: TBA 8																			
	Sous-système: Unité de raccordement automatique																			
Élément	Fonction	Mode de défaillance	Cause de la défaillance	Effet de la défaillance	Détection	Criticité				Intervention	Criticité			
						F	G	N	C		F	G	N	C
Unité de raccordement automatique	Raccorder des deux bobines d'emballage	- Coincement du papier - papier non soudée	- déchier de papier	- Alarme absence de papier et arrêts de machine	Visuel	3	3	2	18	- **MPS:** Contrôler et régler les cellules photoélectrique	2	3	2	12

ANNEXE 3

AMDEC MACHINE TBA19

AMDEC MACHINE – ANALYSE DES MODES DE DÉFAILLANCE DE LEURS EFFETS ET DE LEUR CRITICITÉ

Date de l'analyse:

Système: TBA 19
Sous-système: Partie supérieur

Phase de fonctionnement: Normale

AMDEC MACHINE

Page: 1-7

Élément	Fonction	Mode de défaillance	Cause de la défaillance	Effet de la défaillance	Détection	Criticité F	G	N	C	Intervention	Criticité F	G	N	C
Formation du tube	Former le tube	Coincement des galets et de rouleaux de pression	- Axe / bague / douilles endomager - Déchets de film	Décher de papier		4	1	2	8	- **MPH:** Nettoyer les déchets de film - **MPA:** Changer axe où bague ou douilles	2	1	2	4
		Coincement du guide papier (collier de formation)	- Roulements du guide papier		Visuel + bruit	2	2	3	12	-**MP2A:** Contrôler et changer si nécessaire roulements du guide papier	1	2	3	6
		- usure de materiels et désalignement des galets et de rouleaux de pression (couronne de formation inférieur)	Frottement aux rotations des galets	-Mauvaise formation de tube		1	2	3	6	- **MP2A:** Vérifier et changer si nécessaire les galets et les rouleaux de pression - **MPS:** Vérifier et régler la distance entre les galets - **MPS:** Régler au moyen de rondelles de calage	1	2	2	4

AMDEC MACHINE TBA19

Fonction	Sous-fonction	Mode de défaillance	Cause	Effet	Détection	F	G	D	C	Actions	F	G	D	C
Formation du tube	Former le tube	- Mauvais Recouvrement	rouleau de recouvrement	-Mauvais alignement de tube	Visuel	4	2	3	24	**- MPA:** Régler la distance de rouleau de recouvrement	2	2	3	12
	sécher le papier	usure de matériels	- couteaux d'air endommagé	- papier mouiller - Décher papier	Visuel + bruit	2	2	3	12	**- MPM**: Nettoyer les guides d'air et les rails de guidage **- MPM:** Vérifier qu'il n'a pas de fuite dans les raccord d'air **- MP2A:** Régler le couteau d'air et changer si nécessaire **- MPM:** Régler la température d'air du couteau d'air **- MP2A**: Contrôler le fonctionnement du vérin et changer si nécessaire	1	2	3	6
séchoir		coincement des rouleaux de calandrage et du guide papier	- Axe / bague / douilles endommagé - Roulements du guide papier	présence des gouttes de peroxyde -Mauvais séchage de papier	Visuel + bruit	3	2	5	30	**- MPA:** Controler les rouleaux de calandrage **- MPA:** Changer axes où bagues ou douilles	2	2	5	20

AMDEC MACHINE TBA19

Élément	Fonction	Mode de défaillance	Cause	Effet	Détection	F	G	D	C	Action	F	G	D	C
séchoir	sécher le papier	- usure de matériels et présence de jeu des rouleaux de calandrage	Frottement lors de la rotation des rouleaux de calandrage	- présence des gouttes de peroxyde -Mauvais séchage de papier	Visuel + bruit	2	2	5	20	- **MP2A**: changer les rouleaux de calandrage - **MPA**: Régler la distance entre la rotule et le piston de vérin	2	2	5	20
séchoir	sécher le papier	- coincement des rouleaux de renvoi menés du sorties séchoir	roulement des rouleaux renvoi menés	pas de papier sèches au sorties de séchoir	Visuel + bruit	1	2	3	6	-**MPS:** Vérifier qu'il n'a pas de jeux important aux niveaux des roues dentées - **MPA:** Vérifier l'accouplement de roue libre et changer si nécessaire - **MPA:** Contrôler les roulements à bille - **MPA:** vérifier le fonctionnement du moteur et l'état de balais de charbon - **MP2A**: réviser et régler la vitesse du rouleau de renvoi mené	1	2	1	2

AMDEC MACHINE TBA19

Élément	Fonction	Mode	Cause	Effet	Détection	F	G	D	C	Action	F	G	D	C
Colonne	Soudure de tube	Coincement des rouleaux du système soudure	- Arbre / rouleaux / joint endommagée	mauvaise formation la colonne et perte produit	Visuel + bruit	5	1	2	10	- **MPS:** Vérifier l'épaisseur des joints d'étanchéités et joints toriques et changer si nécessaires - **MPA:** Contrôler les rouleaux de pression et les arbres et changer si nécessaire	3	1	2	6
		- paquet non soudé	- couronne de formation supérieur non régler	- perte de produit	Visuel + test	5	1	2	10	- **MPS:** Régler la distance entre la couronne de formation inférieure et supérieure	3	1	2	6
Colonne	Soudure de tube	- Tube non soudé	- température manquantes d'air chaude. - force manquante de rouleau de pression au moyen d'un dynamomètre	- Fuite de produit	Visuel + test	5	1	2	10	- **MPM:** Vérifier et régler la température d'air chaude au niveau de tube - **MPS:** Vérifier la force du rouleau de pression - **MPM:** Nettoyer les buses	3	1	2	6

AMDEC MACHINE TBA19

Élément	Fonction	Mode de défaillance	Effet	Détection	F	G	N	C	Action	F	G	N	C
Tube de remplissage	remplir le tube	usure du matériels du tube de remplissage	- goupilles /articulation / vanne papillon endommagé - usure de flotteur	- fuite /manque de produit -Mauvaise remplissage	Visuel à l'arrêt + test	4	1	3	12	- **MPA:** Vérifier les goupilles des axes et les articulations ne sont pas usées et changer si nécessaire - **MPM:** Vérifier l'absence de fuite du dans le flotteur et régler si nécessaire - **MPA:** Vérifier le fonctionnement du vanne papillon	2	1	3	6
Compresseur	comprimer l'air stérile et séparer l'eau de l'air	usure de matériels	- Colmatage des filtres	- Manque de pression	test + bruit	3	2	2	8	- **MPA:** Nettoyer les filtres d'aspiration et de séparation et le flotteur - **MPA:** Contrôler et régler le flotteur - **MP2A:** Changer filtres d'aspération et de séparation	2	2	2	6

AMDEC MACHINE TBA19

Élément	Fonction	Mode de défaillance	Cause	Effet	Détection	F	G	D	C	Action	F	G	D	C
Circuit d'air stérile	stériliser l'air (chambre aseptique et matériels de machine)	usure de matériels	échangeur thermique endommagé	Température erronée -arrêts de machine	Visuel +test+ arrêt machine	3	4	1	12	- **MPM:** Vérifier et régler la température au sorties d'échangeur et la pression d'air stérile -**MPA:** Réviser le vanne pré-stérilisation et aspiration -**MP2A:** Changer l'échangeur thermique	2	4	1	8
Ensemble de raccord	Barriere vapeur et stérilisation tube de remplissage	usure de matériels	- Colmatage de filtre à vapeur de vanne C	bouchage de circuit vapeur - arrêt de machine	Visuel + arrêt machine	3	2	5	30	- **MPS:** Nettoyer le filtre à vapeur avec eau distillée et filtrée - **MPA:** Nettoyer le condenseur - **MPA:** Changer détendeur - **MPM:** Vérifier la température et la pression du vapeur	2	2	5	20

AMDEC MACHINE TBA19

Ensemble	Fonction	Mode de défaillance	Cause	Effet	Détection	G	F	D	C	Action
Ensemble de raccord	Assurer le passage de produit	usure de matériels	- Vanne A /joint d'étanchéités /Membranes endommagé	fuite de produit/manque de produit non stérilisé -arrêts de machine -mélange produit avec vapeur	Visuel + arrêt machine	3	2	5	30	- **MPS**: Vérifier les circuits d'air - **MPA**: Contrôler les capteurs et changer si nécessaires - **MPS**: Contrôler les joints d'étanchéités et les membranes et les vérin de vanne A et C et changer si nécessaire - **MPM**: Vérifier et régler la Pression de produit	2	2	5	20
Ensemble de raccord	Stérilisation et CIP	usure de matériels	- Vanne B /joint d'étanchéités /Membranes endommagé	Pas de nettoyage de chambre Aseptique et pas de stérilisation -arrêts de	Visuel + arrêt machine	3	2	5	30	- **MPS**: Contrôler les joint d'étanchéité et des membranes et le vérin de vanne B et changer si nécessaire	2	2	5	20

AMDEC MACHINE TBA19

AMDEC MACHINE – ANALYSE DES MODES DE DÉFAILLANCE DE LEURS EFFETS ET DE LEUR CRITICITÉ

Date de l'analyse:											AMDEC MACHINE				
Système: TBA19 *Sous-système: Batis*					Phase de fonctionnement: Normale					Page: 1					
							Criticité						Criticité		
Élément	Fonction	Mode de défaillance	Cause de la défaillance	Effet de la défaillance	Détection	F	G	N	C	Intervention		F	G	N	C
Lubrification centrale	lubrifier la machine	usure de matériels	pression de lubrification erronée	bruit et vibration anormal de machine	Visuel + bruit	3	2	3	18	- **MPS:** Vérifier et régler la pression - **MP2A:** purger le circuit et changer si nécessaire la pompe de lubrification		2	2	3	12

AMDEC MACHINE TBA19

Élément	Fonction	Mode de défaillance	Effet	Détection	F	G	D	C	Action
réservoir peroxyde	pasteuriser l'emballage	usure de matériels	température et niveaux dans le bain de peroxyde erroné -bruit important	arrêts courte de la machine	Visuel + bruit	4	2	1	8	2	2	1	4	- **MPM**: vérifier le réservoir de peroxyde - **MPS**: Contrôler le tuyau de peroxyde - **MP2A**: Contrôler et réviser la pompe de peroxyde -**MPM**: Vérifier et régler la température de peroxyde et du bain d'eau - **MPM**: Vérifier et régler la pression d'air du réservoir peroxyde

AMDEC MACHINE TBA19

AMDEC MACHINE – ANALYSE DES MODES DE DÉFAILLANCE DE LEURS EFFETS ET DE LEUR CRITICITÉ													AMDEC MACHINE
Date de l'analyse:		Système: TBA 19 Sous-système: Applicateur de film							Phase de fonctionnement: Normale				Page: 1-2
							Criticité					Criticité	
Élément	Fonction	Mode de défaillance	Cause de la défaillance	Effet de la défaillance	Détection	F	G	N	C	Intervention	F	G	N	C
Guide papier	Guider l'emballage	Coincement du guide papier	- Roulements du guide papier	Déchire de papier	Visuel + bruit	4	1	2	8	**MPS:** Régler l'ergot de guidage à la même hauteur que la bande du matériau d'emballage	2	1	2	6
Rouleaux de pression	Presser le film dans l'emballage	Coincement des rouleaux de pression	- Rouleaux /manchon en téflon/ressort douilles endommagé	- Mauvaise soudure - pas de passage de papier	Visuel + bruit	3	1	2	6	- **MPS:** Contrôler et changer si nécessaires les manchons en téflon sont intact - **MPA:** Régler et changer si nécessaires le ressort - **MPS:** Contrôler et régler les rouleaux et les buses d'arrêts court et changer les rouleaux si nécessaires - **MPM:** Vérifier les trous d'air ne sont pas bouchés	2	1	2	4

AMDEC MACHINE TBA19

Élément	Fonction	Cause	Mode de défaillance	Détection	F	G	D	C	Actions	F	G	D	C
Applicateur de film (AF)	Appliquer le film dans l'emballage	usure matériels	- Température de soudure erronée -résistance endommagé	Mauvaise soudure de film	Visuel	3	1	2	6	- **MPM:** Contrôler et régler la pression de soudure du manomètre AF et AC - **MPA:** Changer l'élément chauffant - **MPM:** Contrôler les buses d'air et changer si nécessaire - **MPM:** Vérifier et régler la température d'air	2	1	2	4
Guide film	Guider le filme	coincement du guide de film	roue de guidage endommagé	mauvaise passage de film	Visuel + bruit	3	1	2	6	- **MPA:** Contrôler et changer si nécessaires les roues de guidage et les douilles	2	1	2	4
Magasin film	Emmagasiner le film	usure matériels	dysfonctionnement du bras de frein - Roulements endommagé	- arrêts non abouties	Visuel + bruit	3	1	2	6	- **MPS:** Contrôler et régler les 2 bras de frein - **MPS:** Vérifier les joint torique et les rouleaux - **MPH:** Contrôler le bobine de film - **MP2A:** Changer les roulements si nécessaire	2	1	2	4

AMDEC MACHINE TBA19

Date de l'analyse:	AMDEC MACHINE – ANALYSE DES MODES DE DÉFAILLANCE DE LEURS EFFETS ET DE LEUR CRITICITÉ						Phase de fonctionnement: Normale				AMDEC MACHINE Page: 1-3			
	Système: TBA 19													
	Sous-système: Système d'entraînement													
								Criticité					Criticité	
Élément	Fonction	Mode de défaillance	Cause de la défaillance	Effet de la défaillance	Détection	F	G	N	C	Intervention	F	G	N	C
Système de lubrification	Lubrifier la machine	- usure des pièces de machine	manque lubrification de machine	bruit et température anormal - Pression huile erronée (alarme)	Visuel + bruit + alarme	1	5	4	20	- MPS: Vérifier les flexibles de lubrification ne fuient pas et/ou ne sont pas bouchés	1	2	4	8
unité d'entrainement	Entrainer le système	- Usure de frein	Dysfonctionnement de frein de machine en arrêt court	- Arrêts court non abouties		2	3	3	18	- MP2A: Contrôler le fonctionnement du frein - MPA: Régler la distance A entre la bobine de frein et l'induit en disque	1	3	3	6
unité d'entrainement	Entrainer le système	usure de courroie de transmission	Courroie endommagé	- paire de mâchoire pas en position basse	Visuel + bruit + vibration	2	3	2	12	- MPA: Vérifier et régler la tension de la courroie dentée - MP2A: Vérifier l'usure et/ou l'état des courroies et changer si nécessaires	1	3	2	6

AMDEC MACHINE TBA19

Élément	Fonction	Mode de défaillance	Effet	Détection	G	F	D	C	Action	G	F	D	C
Arbre à cames	Coupler le système	- usure matériels	- Cames endommagées	- Position incorrecte des mâchoires - Arrêts et déclenchement des alarmes de production au niveau de système mâchoire	bruit	2	5	4	40	- **MP2A:** Vérifier l'état des surfaces de contact des cames et changer si nécessaires - **MPA:** Régler l'alignement des cames avec la tige d'alignement - **MPS:** Graisser au moyen de deux graisseur	1	5	4	20
Bras	Balancier le bras	Coincement du bras	- Roulements	- Arrêts et déclenchement des alarmes de production au niveau de système mâchoire	Visuel + bruit	1	5	4	40	- **MP2A:** Contrôler les roulements à billes	1	5	4	20

AMDEC MACHINE TBA19

Bras	Balancier le bras	Coincement des galets de support de bras oscillant	- Galet / douilles endommagée	- Position incorrecte des mâchoires - Arrêts et déclenchement des alarmes de production au niveau de système mâchoire	Visuel + bruit	2	5	4	40	- **MPA:** Nettoyer les galets de support et changer si nécessaires - **MP2A:** Contrôler et remplacer si nécessaires les douilles d'articulation avant - **MPA:** Réglet l'articulation	1	5	4	20
Bras	Balancier le bras	Coincement et/ ou frottement des galets de balancier	- Axe / bague / roulements/ galets douilles endommagé	Positon de mâchoire erronée	Visuel + bruit	2	5	4	40	- **MP2A:** Changer l'axe /bague du galet - **MPA:** Contrôler du galet du support - **MP2A:** régler le de l'interrupteur de fin de course - **MPM:** Vérifier que tous les alarme sont activées	1	5	4	20

AMDEC MACHINE TBA19

Générateur d'impulsion	Positionner le système mâchoire	usure matériels	- Emetteur d'impulsion	Positon des mâchoires erroné	Visuel	3	4	3	36	- **MPS:** Contrôler et régler le positon de vis et de plongeur - **MPA:** Contrôler l'encodeur et réparer la connexion électrique si nécessaire - **MPA:** Contrôler et changer si nécessaire l'accouplement flexible - **MPS:** Vérifier si l'huile ne contient pas de l'eau et si il arrive au niveau du trou
						2	4	3	24	

AMDEC MACHINE TBA19

Date de l'analyse:	AMDEC MACHINE – ANALYSE DES MODES DE DÉFAILLANCE DE LEURS EFFETS ET DE LEUR CRITICITÉ						Phase de fonctionnement: Normale					AMDEC MACHINE Page: 1-6				
	Système: TBA 19															
	Sous-système: Système mâchoires															
Élément	Fonction	Mode de défaillance	Cause de la défaillance	Effet de la défaillance	Détection	F	G	N	C		Intervention	F	G	N	C	
Système mâchoire de pression	presser le paquet	- Coincement des galets de came	- Galet /bague endommager	paquet froissé	Visuel + bruit	2	5	3	30		- **MP2A:** Contrôler les bagues et les galets de came et les roulements à billes et changer si nécessaires - **MPA:** Contrôler et régler le bras de liaison - **MPM:** Vérifier et régler la pression des mâchoires qu'il soit égale à 1 MPa - **MPM:** Vérifier les raccords d'air	1	5	3	15
Système de lubrification	lubrifier le machine	- usure de matériels	manque lubrification de machine	bruit et température anormal - Pression huile erronée (alarme)	visuel+Bruit + alarme	3	4	1	12		- **MPM:** Vérifier les flexible de lubrification ne fuient pas et/ou ne sont pas bouchés	2	4	1	8

AMDEC MACHINE TBA19

Élément	Fonction	Cause	Mode	Effet	Détection	G	F	D	C	Action	G	F	D	C
Cadre	déplacer les mâchoires	Coincement du cadre de système mâchoire	roulements /Douilles /éléments de centrage / pistons endommagé	Position incorrecte et crash des deux mâchoires	Visuel + bruit	3	4	1	12	- **MPA:** Vérifier les roulements et les douilles et l'usure des éléments de centrage et les pistons et changer si nécessaires - **MPA:** Lubrifier et changer joint racleur et du joint en feutre si nécessaires	2	4	1	8
Système correction de décor	Assurer la décoration des paquets	- Usure matériels	- Carter palier et du came / vérin endommagé	- Décor de paquet de jus inacceptable - Alarme au niveau de machine	visuel + alarme	3	2	1	6	- **MPS:** Contrôler les flexibles d'air et les raccords s'ils sont bouché - **MPA:** Régler le vérin et changer si nécessaires - **MPS:** Vérifier le carter de palier et de la came **MPA:** Vérifier et changer si nécessaires les goujons et la palette d'arrêts et les roulements et l'arbre excentrique	2	2	1	4

AMDEC MACHINE TBA19

joue de volume	régler le volume de paquet	- Usure matériels	joue de volume/galet de came/ arbre endommagé	Volume de paquet non réglé	Visuel	3	2	1	6	- **MPM:** Vérifier si les joues de volume ne sont pas fissurées ni abimées et régler l'alignement - **MPS:** Contrôler les galets de came - **MPS:** Vérifier le jeu radial de l'arbre - **MPA:** Contrôler l'arbre / plaque de volume/ goupille d'axe / galet de came / douilles et changer si nécessaire	2	2	1	4

AMDEC MACHINE TBA19

Élément	Fonction	Mode de défaillance	Cause	Effet	Détection	F	G	D	C	Action	F	G	D	C
Mâchoires de cisaillages	scier les paquets	usure matériels	- Bagues /arbre / galets endommagé	Tube rempli et non scié - température des mâchoires de cisaillages érronée	visuel+Bruit	2	2	1	4	- **MPA:** Contrôler l'huile et les conduits, purger le circuit et faire la vidange si nécessaires - **MPA:** Vérifier et régler le mécanisme des volet de pliage et l'espace en hauteur et verticale entre les deux mâchoires - **MP2A:** réviser le mâchoire de cisaillage - **MPM:** Vérifier et régler la température des mâchoires de cisaillages et la pression	1	2	1	2
pièce courbe de volume	Modifier les postions des paquets	Coincement de pièce courbe de volume	- Galets de support/ amortisseur / bague /axe endommagé	Position des paquets erronés	visuel	3	1	2	6	- **MPA:** Contrôler et régler les cames de volume - **MPS:** Vérifier le bouton de réglage qu'il tourne librement - **MPS:** Vérifier les galets de support s'il tourne librement	2	1	2	4

AMDEC MACHINE TBA19

Code à barre	Assurer le positionnement de code à barre	- Usure matériels	- cellule photoélectrique endommagé	- Mauvaise position de code à barres de paquet de jus	Visuel	3	2	1	6	- **MPA:** Contrôler et régler la position au niveau de potentiomètre et a sensibilité des lentilles des cellules photoélectrique sont intactes	2	2	1	4

AMDEC MACHINE TBA19

AMDEC MACHINE – ANALYSE DES MODES DE DÉFAILLANCE DE LEURS EFFETS ET DE LEUR CRITICITÉ											AMDEC MACHINE				
Date de l'analyse:		*Système: TBA 19* *Sous-système: Unité finale de pliage*					Phase de fonctionnement: Normale				Page: 1-5				
							Criticité					**Criticité**			
Élément	Fonction	Mode de défaillance	Cause de la défaillance	Effet de la défaillance	Détection	F	G	N	C	Intervention	F	G	N	C
Système d'alimentation	Alimenter l'UFP	- usure de matériels du système d'alimentation de pliage finale (entrée)	- Tendeur/chaine endommagé	- Alarme et arrêts de machine	bruit	2	2	1	4	- **MPA:** Régler les protections surcharges - **MPA:** Contrôler et régler le tendeur de chaine - **MP2A:** Contrôler les circlips et la chaine et changer si necessaire - **MPA:** Vérifier le jeu éventuel du coulisseau et des douilles et les changer si nécessaires	1	2	1	2

AMDEC MACHINE TBA19

Élément	Fonction	Mode de défaillance	Cause	Effet	Détection	F	G	D	C	Action corrective	F	G	D	C
Système de lubrification	Lubrifier l'UFP	- usure des pièces (Bâti) de machine	manque lubrification de machine	bruit et température anormal - Pression huile erronée	visuel+Bruit + alarme	4	4	2	32	- **MPS:** Nettoyer l'élément de filtre et la brosse de système lubrification et changer si nécessaire - **MPM:** Vérifier les raccords d'huile du filtre ne fuit pas	3	4	2	24
Convoyeur	Assurer le déplacement des paquets de l'entrée vers l'UFP	- Coincement des paquets de jus au niveau de système d'entrée et de sortie	- Usure matériels	paquet non déplacer dans l'UFP (entrée et sorties) -pas de synchronisation entre les chaine droite et gauche (Bourrage)	visuel+Bruit	2	4	2	16	- **MPS:** Régler la hauteur de système convoyeur - **MP2A:** Contrôler les roue dentée et changer si nécessaire - **MPA:** Contrôler l'états des éléments d'entrainement et des guide plastique et changer si nécessaires	1	4	2	8

AMDEC MACHINE TBA19

Élément	Fonction	Mode de défaillance	Cause	Effet	Détection	F	G	D	C	Action	F	G	D	C
Dispositif de pression	Plier les paquets	- Usure de matériels et coincement de dispositif de pression	dispositif de pression endommagé	- paquet non plié	visuel	2	4	2	16	- **MPS:** Contrôler le fonctionnement du dispositif de pression - **MP2A:** Réviser le dispositif de pression - **MPA:** Vérifier et régler le jeu de bras - **MPS:** Contrôler le flexible du collecteur de lubrification - **MPS:** Régler les barre de pliage	1	4	2	8
Bâti de machine	Coupler l'UFP	- usure de matériels	- courroie / câble électrique endommagé	- Arrêts de système pliage - Bruit et jeu anormal	Visuel + bruit	2	4	2	16	- **MP2A:** Contrôler la roue menant de réducteur et réviser si nécessaires - **MPS:** Vérifier l'états des câbles électrique et des connexions et changer si nécessaires	1	4	2	8
Engrenage d'indexage	Coupler et synchroniser l'UFP	- usure matériels	- Roulement / axe / roue endommagé	- arrêts de volet de pliage	Visuel + bruit	2	5	4	40	- **MP2A:** Réviser l'engrenage d'indexage	1	5	4	20

AMDEC MACHINE TBA19

Elément		Cause	Effet	Détection					Action
Elément finale de pliage	Plier les paquets	- Coincement du système tasseur	pliage de paquet et température erronée	Visuel	2	4	2	16	- **MP2A:** Vérifier l'état de rouleau / joints / goupilles / cames et changer si nécessaires - **MPA:** Contrôler et régler les ressorts - **MPM:** Vérifier et régler la température des cornes supérieur gauche et droite - **MPM:** Vérifier et régler la température des cornes inférieur
		- Cames / rouleaux endommagé			1	4	2	8	

AMDEC MACHINE TBA19

Élément	Fonction	Cause	Mode de défaillance	Effet	Détection	G	F	D	C	Action
Système de sorties	Sortir les paquet plié	- Coincement du système de sortie	- Chaine /pignon /éléments d'entrainement endommagé	pas de paquet dans le sortie de UFP	Visuel	2	4	2	16	- **MPA:** Vérifier l'état de l'élément d'entrainement et les guide en plastique - **MPA:** Vérifier et régler l'allongement du chaine et le tendeur de chaine - **MP2A:** Contrôler et changer si nécessaire les chaines et les pignons	1	4	2	8

AMDEC MACHINE TBA19

Date de l'analyse:	AMDEC MACHINE – ANALYSE DES MODES DE DÉFAILLANCE DE LEURS EFFETS ET DE LEUR CRITICITÉ					Phase de fonctionnement Normale					AMDEC MACHINE Page: 1				
	Système: TBA 19 Sous-système: Equipement électrique														
							Criticité						Criticité		
						F	G	N	C			F	G	N	C
Élément	Fonction	Mode de défaillance	Cause de la défaillance	Effet de la défaillance	Détection					Intervention					
Equipement électrique	Assurer la présence de programme	- Usure matériels	- Arrêt du programme	- Arrêts de machine	Visuel + bruit	3	1	1	3	- **MPS:** Etalonner et régler les régulateurs de température - **MPJ:** Contrôler les fonction de sécurité (portes, bouton d'arrêt d'urgence) - **MPA:** Séré de tout les borner de contacteur relais..		3	1	1	2

AMDEC MACHINE TBA19

Date de l'analyse:	AMDEC MACHINE – ANALYSE DES MODES DE DÉFAILLANCE DE LEURS EFFETS ET DE LEUR CRITICITÉ											Phase de fonctionnement Normale					AMDEC MACHINE Page: 1				
	Système: TBA 19																				
	Sous-système: Unité de raccordement automatique																				
Élément	Fonction	Mode de défaillance	Cause de la défaillance	Effet de la défaillance	Détection	Criticité				Intervention	Criticité			
						F	G	N	C		F	G	N	C
Unité de raccordement automatique	Raccorder des deux bobines d'emballage	- Coincement du papier - papier non soudée	- décher de papier	- Alarme absence de papier et arrêts de machine	Visuel	3	3	2	18	- **MPS:** Contrôler et régler les cellules photoélectrique	2	3	2	12

ANNEXE 4

Liste des révision

SEABG	Révision : Vanne préchauffage	FICHE N° :
Atelier : Jus	Ligne : Jus 1L	Système: TBA 8
Fournisseur :	Constructeur : Tetra pak	Sous système: Partie supérieure
Date de mise en sce :	Dossier :	
Références	Désignations	Quantités
255875-0000	DOUILLE	2
315204-0302	ANNEAU O-ring 54,5x3 mm	2

SEABG	Révision : Dispositif de pression	FICHE N° :
Atelier : Jus	Ligne : Jus 1L	Système: TBA 8
Fournisseur :	Constructeur : Tetra pak	Sous système: Unité finale de pliage (UFP)
Date de mise en sce :	Dossier :	
Références	Désignations	Quantités
262028-0011	BOULON	2
262267-0000	DOUILLE	4
262323-0000	ARBRE	3
262350-0001	GOUPILLE	4
262906-0000	BRAS	2
268830-0000	RESSORT DE PRESSION	1
311103-0306	GOUPILLE D ISO2338 5X12	4
442533-0000	GARNITURE EN CAOUTCHOUC	1
525367-0000	MANCHON	4
569111-0000	CLAPET	2
569112-0000	BLOC	1
90028-0001	CONE	3
90134-0003	DOUILLE	3

SEABG	Révision : Engrenage d'indexage	FICHE N° :
Atelier : Jus	Ligne : Jus 1L	Système: TBA 8
Fournisseur :	Constructeur : Tetra pak	Sous système: Unité finale de pliage (UFP)
Date de mise en sce :	Dossier :	
Références	Désignations	Quantités
315202-0316	O-ring 124,5x3	2
315221-0171	ANNEAU D ECB30X62X7	1
321306-0114	PALIER A BSKF6014	1
321309-0106	PALIER A BSKF6206	1
321361-0105	ROULEMENT SKF30205	3
321364-0106	ROULEMENT SKF31306 J2/Q	2
90091-0130	ANNEAU D ETANCHEITE	2

Liste des révision

SEABG		Révision : Rouleau de renvoie (mené)	FICHE N° :	
Atelier : Jus		Ligne : Jus 1L	Système: TBA 8	
Fournisseur :		Constructeur : Tetra pak	Sous système: Partie supérieure	
Date de mise en sce :		Dossier :		
Références		Désignations		Quantités
265872-0001		ROUE DENTÉE		1
90458-1704		PALIER A BILLES		2
90348-0007		EMBRAYAGE A ROUE LIBRE		1

I want morebooks!

Buy your books fast and straightforward online - at one of the world's fastest growing online book stores! Environmentally sound due to Print-on-Demand technologies.

Buy your books online at
www.get-morebooks.com

Achetez vos livres en ligne, vite et bien, sur l'une des librairies en ligne les plus performantes au monde!
En protégeant nos ressources et notre environnement grâce à l'impression à la demande.

La librairie en ligne pour acheter plus vite
www.morebooks.fr

OmniScriptum Marketing DEU GmbH
Heinrich-Böcking-Str. 6-8
D - 66121 Saarbrücken
Telefax: +49 681 93 81 567-9

info@omniscriptum.com
www.omniscriptum.com

Printed by Books on Demand GmbH, Norderstedt / Germany